21世纪经济管理新形态教材·大数据与信息管理系列

新兴信息技术实践

刘 鹏 尹 隽 ◎ 主 编
李正华 ◎ 副主编

清华大学出版社
北 京

内容简介

本书分为三篇,共 11 章。分析篇(第 1~4 章)从数据分析概述、数据采集与存储、数据预处理与建模分析、数据可视化四个方面进行介绍;开发篇(第 5~9 章)围绕系统设计与开发概述、UI 设计、Web 前端开发技术、Web 后端开发、微信小程序开发进行讲解;应用篇(第 10 章和第 11 章)通过基于专利数据分析的船舶产业技术主题识别和船舶在线学习平台微信小程序设计与开发两个案例,对前两篇的知识进行串联,结合案例背景,讲解了数据分析与系统开发的实际应用。此外,本书提供了相应的示例代码,帮助读者进一步理解和掌握相关技术的实现过程。

本书可以作为高等院校信息管理与信息系统、大数据管理与应用等专业的相关课程的教材与教学参考书,也可以作为信息技术领域数据分析与系统开发专业人士的参考书。

本书封面贴有清华大学出版社防伪标签,无标签者不得销售。
版权所有,侵权必究。举报:010-62782989,beiqinquan@tup.tsinghua.edu.cn。

图书在版编目(CIP)数据

新兴信息技术实践 / 刘鹏,尹隽主编. -- 北京:清华大学出版社,2025.5.
(21 世纪经济管理新形态教材). -- ISBN 978-7-302-69125-9
Ⅰ.TP3
中国国家版本馆 CIP 数据核字第 202587WR65 号

责任编辑:张 伟
封面设计:汉风唐韵
责任校对:王荣静
责任印制:丛怀宇

出版发行:清华大学出版社
网   址:https://www.tup.com.cn,https://www.wqxuetang.com
地   址:北京清华大学学研大厦 A 座   邮   编:100084
社 总 机:010-83470000   邮   购:010-62786544
投稿与读者服务:010-62776969,c-service@tup.tsinghua.edu.cn
质量反馈:010-62772015,zhiliang@tup.tsinghua.edu.cn
课件下载:https://www.tup.com.cn,010-83470332

印 装 者:北京同文印刷有限责任公司
经   销:全国新华书店
开   本:185mm×260mm   印   张:16.5   字   数:391 千字
版   次:2025 年 6 月第 1 版   印   次:2025 年 6 月第 1 次印刷
定   价:49.80 元

产品编号:105832-01

本书编写组全体成员

刘 鹏　尹 隽　李正华　孙竹梅
张轶堃　翁 翔　董 晨

前言

当今信息时代,新兴技术层出不穷,正深刻地改变我们的工作和生活方式。本书就是在这样的背景下应运而生的,旨在为读者提供一个全面了解和掌握数据采集、数据分析建模、数据可视化、UI设计、前端开发、后端开发等信息技术实践的平台。本书汇集了编写组成员多年服务于企业信息化、数据分析的项目经验,涵盖了从理论到实践的丰富内容。全书分为分析篇、开发篇和应用篇三个篇章。

在分析篇中,我们首先对数据分析进行了全面的概述,包括其概念、类型、框架、常见误区以及方法论。接着,深入探讨了数据采集与存储的多种技术,数据预处理与建模分析的流程,以及数据可视化的多种方法和工具。本篇章的目的是让读者能够掌握数据分析的基本概念和技能,为后续的深入学习和实践打下坚实的基础。

开发篇则聚焦于系统设计与开发的核心过程。从软件危机的背景和解决措施,到软件工程的各个方面,包括需求分析、设计、测试技术和运维技术,我们都进行了详尽的介绍。此外,本篇章还特别强调了UI设计的重要性,并通过实例讲解了Web前端开发技术和后端开发技术,使读者能够理解并掌握构建Web应用的必备技能。

应用篇通过具体的案例分析,将前两篇章的理论与实践相结合。我们以船舶产业技术主题识别和船舶在线学习平台微信小程序的设计与开发为例,展示了数据分析和开发技术在实际中的具体运用。这不仅能够帮助读者更好地理解理论知识,也能够启发读者将所学知识应用到解决实际问题中。

本书编写人员有刘鹏、尹隽、李正华、张轶堃、孙竹梅、翁翔、董晨,具体分工如下:尹隽、孙竹梅编写第1章、第8章,刘鹏编写第2章、第10章,李正华编写第3章、第4章,张轶堃编写第5章、第9章,翁翔、尹隽、董晨编写第6章、第7章、第11章。

在编写本书过程中,我们力求内容的准确性和实用性,但由于信息技术领域的快速发展,难免会有疏漏之处。我们欢迎广大读者提出宝贵的意见和建议,以便我们不断改进和完善。

最后,感谢所有参与本书出版工作的编辑,以及所有支持和帮助过我们的人。同时特别感谢江苏省产教融合型品牌专业建设点(江苏科技大学信息管理与信息系统专业)的大力支持。在此,祝愿每位读者都能在信息技术的海洋中乘风破浪,勇往直前。

《新兴信息技术实践》编写组

2024年10月

目 录

分 析 篇

第1章 数据分析概述 ·· 3
   1.1 数据分析的概念及类型 ·· 3
   1.2 数据分析框架 ·· 5
   1.3 数据分析常见误区 ·· 7
   1.4 数据分析的方法论 ·· 8
   1.5 常用的数据分析方法 ·· 11
   1.6 数据分析在现实领域的应用 ······································ 16
   思考题 ··· 19
   即测即练 ··· 19

第2章 数据采集与存储 ·· 20
   2.1 数据与数据采集 ·· 20
   2.2 数据类型与采集方法 ·· 21
   2.3 静态网页数据采集 ·· 22
   2.4 动态网页数据采集 ·· 27
   2.5 高性能数据采集 ·· 31
   思考题 ··· 33
   即测即练 ··· 33

第3章 数据预处理与建模分析 ·· 34
   3.1 数据预处理 ·· 34
   3.2 描述性统计分析 ·· 37
   3.3 探索性分析 ·· 39
   3.4 机器学习基础 ·· 41
   思考题 ··· 46
   即测即练 ··· 46

第4章 数据可视化 ·· 47
   4.1 数据可视化概述 ·· 47

4.2 数据可视化方法 ……………………………… 58
4.3 数据可视化应用 ……………………………… 71
思考题 ………………………………………… 81
即测即练 ……………………………………… 81

开 发 篇

第 5 章 系统设计与开发概述 ……………………………… 85
5.1 软件危机 ……………………………………… 85
5.2 软件过程 ……………………………………… 87
5.3 软件需求分析 ………………………………… 91
5.4 软件设计 ……………………………………… 94
5.5 软件测试技术 ………………………………… 98
5.6 软件运维技术 ………………………………… 101
思考题 ………………………………………… 104
即测即练 ……………………………………… 104

第 6 章 UI 设计 ……………………………………………… 105
6.1 基本概念 ……………………………………… 105
6.2 UI 设计目标与原则 …………………………… 106
6.3 UI 设计流程 …………………………………… 108
6.4 UI 设计实例 …………………………………… 111
思考题 ………………………………………… 114
即测即练 ……………………………………… 114

第 7 章 Web 前端开发技术 ……………………………… 115
7.1 HTML 概述 …………………………………… 115
7.2 CSS 概述 ……………………………………… 126
7.3 JavaScript 概述 ………………………………… 146
思考题 ………………………………………… 153
即测即练 ……………………………………… 153

第 8 章 Web 后端开发 ……………………………………… 154
8.1 概述 …………………………………………… 154
8.2 PHP …………………………………………… 156
8.3 MySQL 数据库 ………………………………… 164
8.4 PHP 操作 MySQL ……………………………… 167
8.5 PHP 与 AJAX 技术 …………………………… 169
思考题 ………………………………………… 172

即测即练 …………………………………………………………………………… 172

第9章 微信小程序开发 …………………………………………………………… 173

9.1 小程序概述 ………………………………………………………………… 173
9.2 微信小程序开发架构 ……………………………………………………… 174
9.3 微信小程序开发流程 ……………………………………………………… 186
9.4 微信小程序开发实例 ……………………………………………………… 189
　　思考题 ………………………………………………………………………… 195
　　即测即练 ……………………………………………………………………… 195

应 用 篇

第10章 基于专利数据分析的船舶产业技术主题识别 ………………………… 199

10.1 案例背景及分析目标 …………………………………………………… 199
10.2 数据准备 ………………………………………………………………… 200
10.3 核心技术分析 …………………………………………………………… 202
10.4 技术主题识别 …………………………………………………………… 204
　　思考题 ………………………………………………………………………… 206
　　即测即练 ……………………………………………………………………… 207

第11章 船舶在线学习平台微信小程序设计与开发 …………………………… 208

11.1 系统分析 ………………………………………………………………… 208
11.2 系统设计 ………………………………………………………………… 210
11.3 系统架构 ………………………………………………………………… 213
11.4 功能实现 ………………………………………………………………… 213
　　思考题 ………………………………………………………………………… 248
　　即测即练 ……………………………………………………………………… 248

参考文献 ……………………………………………………………………………… 249

分析篇

第 1 章

数据分析概述

数据分析作为信息技术的重要组成部分,已经成为许多领域不可或缺的关键工具。它不仅能够帮助我们更好地理解复杂的现象,还能够挖掘出隐藏在数据背后的有价值信息,为决策提供强有力的支持。本章首先介绍数据分析的概念及类型;其次介绍数据分析的思维框架、流程框架和常见的误区;然后介绍数据分析的方法论以及常用的数据分析方法;最后介绍数据分析在现实领域的应用。

本章学习目标

(1) 掌握数据分析的概念和类型;
(2) 理解数据分析的思维框架;
(3) 掌握数据分析的流程框架;
(4) 掌握数据分析的方法论;
(5) 掌握常用的数据分析方法;
(6) 了解数据分析在现实领域的应用情况。

1.1 数据分析的概念及类型

1.1.1 数据分析的概念

数据分析可以追溯到古代文明时期,人们通过观察天气、温度和季节的变化来决定何时种植庄稼,这可以看作最早的一种数据分析形式。18世纪正态分布曲线的提出为数据分析奠定了基础,20世纪计算机技术的出现和不断进步使数据分析得以快速发展,而大数据时代机器学习(machine learning)、深度学习(deep learning)等人工智能技术的兴起则进一步推动了数据分析的发展和应用。

数据分析可以视为数学与计算机科学相结合的产物,指的是采用适当的统计分析方法和工具对收集来的大量数据进行系统化处理、理解和解释,旨在从原始数据中发现有价值的信息、洞察潜在的规律、揭示隐藏的趋势与关联,并通过可视化和其他形式的报告将这些发现以易于理解的方式呈现出来,以支持决策的制定。简言之,数据分析就是为了提取有用信息和形成结论而对数据进行详细研究与概括总结,它的目的在于最大化地开发数据的功能,充分发挥数据的作用。

从数据分析的概念中不难看出,数据分析涉及三个核心问题,分别为数据、分析过程和分析结果。其中,数据是数据分析的基础,分析过程直接关系到是否能够得到预期的、正确的分析结论,而分析结果则是定位问题和解决问题的依据。

1.1.2 数据分析的类型

数据分析可以按不同的维度进行划分。

1. 按分析目的划分

按分析目的的不同,数据分析可分为描述性分析(descriptive analytics)、探索性分析(exploratory analytics)、预测性分析(predictive analytics)和规范性分析(prescriptive analytics)。

(1) 描述性分析:数据分析中最为基础和常见的分析类型。其主要是对已经发生的事件进行描述和总结,目的是通过一系列统计量来描述数据的基本特征和规律,回答"已经发生了什么?"。

(2) 探索性分析:通过作图、制表、方程拟合、计算特征量等手段,在尽量少的先验假设下探索数据的结构和规律,其目的是发现数据中的因果关系,以及检测可能存在的异常值或错误,回答"为什么发生?"。

(3) 预测性分析:通过建模、统计分析、机器学习等手段,基于历史数据和其他相关信息,对未来趋势或结果进行预测,其目的是通过挖掘数据中的模式和关联,发现数据中的潜在价值,为决策提供支持,回答"将发生什么?"。

(4) 规范性分析:在描述性分析和预测性分析的基础上,通过优化算法和决策模型,提出具体的行动建议或方案,其目的在于通过深入研究和评估现有的情况或问题,为决策者提供最优的行动指南,回答"如何优化即将要发生的?"。

2. 按分析方法划分

按分析方法的不同,数据分析可分为定性分析(qualitative analytics)、定量分析(quantitive analytics)和混合方法分析(mixed analytics)。

(1) 定性分析:对数据的性质、特征、发展变化规律进行描述和解释,主要依赖于非数值化的信息,如文档资料、访谈记录、观察笔记等,它可以提供对数据深入而丰富的描述,揭示出隐藏在表面现象背后的复杂性和多样性。

(2) 定量分析:通过统计学方法和数学模型对数据进行分析与处理,主要依赖于数值化的数据,如经济指标、金融数据、生物医学数据、商业数据等,它可以揭示数据的数量特征、数量关系和数量变化。

(3) 混合方法分析:将定量分析和定性分析相结合,综合运用多种方法和技术进行数据分析。

3. 按分析数据的类型划分

按分析数据的类型不同,数据分析可分为结构化数据分析(structured data analytics)、非结构化数据分析(unstructured data analytics)和半结构化数据分析(semi-structured data analytics)。

（1）结构化数据分析：该类分析针对的数据类型为结构化数据库中的数据，如关系型数据库中的表格数据。

（2）非结构化数据分析：该类分析针对的数据类型为数据结构不规则、不完整、没有预定义的数据模型，如文本、图片、音视频、XML（可扩展标记语言）文件等。

（3）半结构化数据分析：该类分析针对的数据类型为包含在两个或多个数据库（这些数据库含有不同模式的相似数据）中的数据，这些数据具有一定的结构，但结构的变化很大，如OEM（object exchange model）就是一种典型的半结构化数据模型。

总的来说，数据分析的分类取决于分析的目的、方法、数据类型等多个方面，不同的分类方式是为了更好地理解和应用数据分析技术，以满足不同领域和场景的需求。

1.2　数据分析框架

1.2.1　思维框架

数据分析的思维框架是指导数据分析过程的系统化思考方式，能够帮助数据分析者在面对复杂数据时保持清晰、有条理的思维逻辑。数据分析思维框架强调以明确的目标为导向，通过一系列有序的步骤和方法，从数据的收集、整理、探索到分析和解释，最终实现对数据的深入理解和有价值的信息提取，具体如图1-1所示。

图1-1　数据分析的思维框架图

1. 为什么要分析

这个部分主要是明确分析的目的，对于确保后续分析过程聚焦在关键问题上至关重要。例如，从业务需求的角度可以是为了解决某个具体问题、优化某个流程或是实现特定的业务增长；从用户或客户需求角度可以是为了更好地了解用户或客户的行为、偏好和需求；从市场和竞争环境角度可以是为了分析市场趋势或竞争对手的情况、了解行业内的变化和潜在机会。

2. 分析什么

这个部分主要是明确分析的对象，确保分析工作与组织的整体战略和目标保持一致，为后续的分析工作提供明确的方向和重点。例如，解决业务问题需要分析与业务直接相关的关键指标数据；了解用户行为需要分析用户在产品或服务中的点击、浏览、搜索、购买等行为数据；了解竞争对手需要分析竞争对手的产品、市场策略和业绩表现等数据。

3. 怎么分析

这个部分涵盖的内容较为宽泛，也是思维框架中的核心环节。例如，当数据集较大时，如何选择合适的抽样方法，确保样本的代表性和可靠性；如何根据数据分析的目标，选择合适的分析模型和方法,如描述性统计、预测建模、机器学习等;考虑使用哪些技术或工具来辅助分析,如 Python 或 R 语言、可视化工具等;如何设计恰当的统计测试或实验来验证前期提出的相关假设。

扩展阅读1-1 构建数据安全保护和政策沟通协调机制

4. 如何落地

这个部分需要综合考虑多个方面,包括业务目标、业务流程、策略制定和执行力等,是确保分析结果转化为实际业务价值的关键步骤。例如,与业务部门共同制订实施计划,将分析结果转化为具体的业务决策或行动建议;建立跨部门的数据分析团队,加强团队间的沟通与协作,确保分析工作的顺利推进;通过制度和流程建设,确保数据分析工作的规范化和可持续性;跟踪和评估实施效果,及时调整分析策略,确保分析结果的持续价值。

1.2.2 流程框架

数据分析是一个动态且复杂的过程,涉及多个环节和技术,为了保证数据分析工作的规范性和有效性,构建一个科学、系统的数据分析流程框架显得尤为重要,不仅能够提高分析效率,还能够确保分析结果的准确性和可靠性。一般来说,数据分析的流程框架可以划分为六个阶段,分别为目标解析、数据采集、数据处理、数据分析、结果呈现和报告撰写。

1. 目标解析

目标解析是数据分析的起点。每次数据分析任务开始之前,首先需要弄清楚这次分析是为了解决什么问题,在确定总体分析目标之后,再通过拆解的方式将总目标细化分解为多个子目标,明确先分析什么、后分析什么,理顺各个子目标之间的逻辑关联性,搭建数据分析的逻辑框架。只有带着清晰的目标进行数据分析,才能为后续的各个步骤提供正确的指引方向,确保数据分析过程的有效推进。

2. 数据采集

数据是分析开展的基础,为数据分析提供直接的素材和依据。但是数据并不会凭空出现,需要根据分析目标,选择合适的数据源采集分析所需的数据。数据获取的方式主要有两种:直接获取和间接获取,前者获取的为一手数据,后者获取的为二手数据。直接获取主要是通过统计调查或者科学实验的方法得到第一手或直接的统计数据,间接获取则是通过查阅资料、数据统计工具等获取数据,这类数据往往来源于他人的调查或实验,是经过加工整理后的数据。常见的数据获取渠道有数据库、互联网、公开出版物、数据统计工具、市场调查等。

3. 数据处理

数据处理是数据分析前至关重要的一步。一方面,数据采集所获取的原始数据可能会包含大量的噪声、错误和冗余信息,需要通过数据处理,消除不利因素,提高数据质量,保证后续分析能够在准确和有效的数据基础上进行;另一方面,不同的数据分析方法和工具对数据的格式与类型可能有不同的要求,需要通过数据清洗(data cleaning)、转换和整合等处理步骤将数据转化成符合分析需求的格式,保证分析过程的顺畅和高效。对数据的处理方式可以是将相似的数据进行归类整理,或是将有关系的数据组织起来,或是对整理好的数据进行算术和逻辑运算,或是对数据进行排序等。

4. 数据分析

数据分析是整个流程中的重中之重,涉及统计学、机器学习、数据挖掘等技术与方法的综合运用。进行数据分析时,需要根据分析目的选择合适的分析工具和方法,发现数据中的模式、趋势和关联,提取有价值的信息。数据分析遵循的思维方式通常有分类思维、回归思维、假设思维、对比思维、相似匹配思维等。常用的数据分析方法有对比分析法、分组分析法、结构分析法、交叉分析法、漏斗分析法、矩阵分析法、综合评价分析法等。在进行数据分析的过程中,需要评估分析数据是否完整、真实且有效,是否对数据进行了深入的剖析,是否能够获得准确的数据分析结论。

5. 结果呈现

结果呈现阶段的主要任务是以清晰、直观的方式展示分析结果,确保相关人员充分理解和应用结果。在进行结果呈现时,一方面要根据分析目的和受众特点,选择恰当的图表类型来展示数据,在保证直观的同时突出关键结论,方便受众更好地把握数据特征和规律;另一方面也需要充分考虑受众的需求和背景知识,避免使用过于专业或复杂的术语,保证受众能够轻松理解分析结果,此外还要注意避免信息过载和复杂设计,保持呈现内容的简洁、明了。

6. 报告撰写

报告撰写是数据分析的收尾环节,不仅仅是对所有分析工作的系统总结和精准展现,更是实现数据价值转化的关键桥梁。通过撰写报告,能够将复杂的数据分析结果以清晰、有条理的方式呈现出来,为决策者提供清晰、有用的信息和建议,帮助他们作出科学、正确、严谨的决策。在内容方面,报告中应包含数据分析的起因、过程、结论和建议;在结构方面,报告应做到结构清晰、主次分析,具有一定的逻辑性,对每一个问题都给出明确的结论,一个分析对应一个结论;在可读性方面,报告中不要出现过多的专业术语,尽量按照受众的需求通过图表化的方式呈现出来。

1.3 数据分析常见误区

1.3.1 盲目采集数据

数据分析人员要避免盲目地追求数据的全面性。诚然,增加数据采集量在一定程度上对分析工作具有积极的影响,但是这种影响是存在局限性的。盲目采集数据可能会带来如下问题。

(1)资源浪费:大量采集无关数据不仅会消耗存储空间,增加数据传输和处理的成本,降低系统性能,还可能导致关键数据被无关数据淹没。

扩展阅读1-2 提升数据质量，完善数字政府体系框架

（2）数据质量低：盲目采集数据可能会引入一些无关或误导性的信息，如错误的数据、重复的数据、不完整的数据或格式不一致的数据等，进而影响分析结果的准确性和有效性。

（3）分析效率低：数据分析人员需要花费更多的时间和精力来清洗与处理海量无关的数据，将会大大降低分析的效率。

（4）结果不准确：如果分析所基于的数据是无关或错误的，分析结果可能是不准确的，甚至可能是错误的，进而导致错误的决策和行动。

1.3.2 脱离实际业务

数据分析人员虽然具备强大的数据处理和分析能力，但由于缺乏实际业务经验，他们所做的分析可能与实际业务逻辑脱节，造成分析结论的不全面和不准确。脱离业务实际可能会带来如下问题。

（1）分析目标不明确：脱离业务实际进行数据分析，可能导致分析目标模糊，无法为业务决策提供有针对性、有价值的洞见，削弱数据分析的实际意义和应用价值。

（2）数据解读错误：分析人员如果缺乏对业务背景的深入了解，可能难以精准解读数据的内在含义，甚至陷入误解，导致得出错误的结论或提出不切实际的建议。

（3）难以落地实施：即使数据分析的结果是准确的，但由于一开始与实际业务场景存在较大的偏差或不符，那么分析结果也将难以在实际业务操作中落地实施，不能转化为切实的业务成果，数据的潜在价值也无法充分发挥。

1.3.3 分析不够深入

数据在收集和整理之后需要经过深入的分析，才可能获得有价值的信息，如果只关注数据的表面特征，将很难为后续工作提供实质性的帮助和推动。缺乏深入的分析可能会带来如下问题。

（1）难以发现问题：有时表面数据可能掩盖了实际情况中的复杂性和不确定性，不经过深入分析将很难发现那些隐藏在数据中的微妙变化和潜在危机，导致不能及时发现潜在问题或风险。

（2）错误决策：数据分析不深入容易造成对数据的片面理解，而忽视数据背后的深层次信息和潜在趋势，从而导致错误的决策，给组织带来不必要的风险和偏差。

（3）丧失竞争优势：深入剖析数据可以帮助企业洞察市场趋势、理解消费者需求、优化产品策略，以及精准制订营销方案等，助力企业在激烈的市场竞争中脱颖而出；否则，可能导致企业错失很多宝贵的信息和机会，逐渐失去竞争优势，甚至面临被市场淘汰的风险。

1.4 数据分析的方法论

做好数据分析工作，不仅仅是要掌握数据分析的各种工具和方法，更需要懂得数据分

析原理。缺乏理论的指导,就如同盲人摸象,既不知道应从哪些关键点切入分析,也难以确定分析的重点。数据分析的方法论主要是从宏观角度为数据分析工作提供系统性的指导,更像是数据分析前的一个总体规划,为后期具体数据分析工作指明方向,确保数据分析工作有条不紊地进行。

1.4.1 5W2H

5W2H方法又称为七问法,这种方法简单方便,容易理解和使用,任何事情都可以通过这七个方面去思考,数据分析同样也不例外,它可以帮助我们全面、系统地思考数据分析的各个方面。5W2H是5个以W和2个以H开头的英文单词缩写,具体含义如下。

(1) why(何故?)——为什么要做数据分析?是因为遇到了问题,还是为了优化某个流程?回答该问题是为了更好地确定分析的重点和方向。

(2) what(何事?)——要分析的是什么?想得到什么结果或结论?回答该问题是为了更好地确定分析对象,定位分析目标。

(3) who(何人?)——谁会参与此次分析?是分析人员、业务人员还是其他相关人员?回答该问题有助于合理分配任务和资源,确保分析的顺利进行。

(4) when(何时?)——分析的时间范围是什么?是过去的还是实时的?回答该问题有助于明确分析的时间节点,确保分析的及时性和准确性。

(5) where(何地?)——数据从哪里来?内部数据库、第三方平台或其他渠道?回答该问题有助于评估数据的可靠性和有效性。

(6) how(何法?)——如何实施分析?使用什么工具和方法?如何清洗、处理和可视化数据?回答该问题能保证分析按照既定流程进行,提高分析的效率。

(7) how much(多少?)——分析到什么程度?分析需要多少人力、时间、成本等资源?回答该问题是为了确定问题要解决到什么程度,以及评估分析方案的投入产出比,确保在预算和既定时间内完成分析任务。

1.4.2 逻辑树

逻辑树是麦肯锡公司提出的一种重要的分析问题、解决问题的方法,又称问题树、演绎树或分解树。该方法将已知问题视为"树干",将与问题相关的子问题视为"树枝",大"树枝"上还可以继续延伸出更小的"树枝",以此类推,找出所有和已知问题相关联的问题,将一个复杂的问题分解成一系列便于操作的子问题。这种方法既有助于厘清思路,避免重复和无关的思考,保证问题解决过程的完整性,也便于确定解决各子问题的先后顺序,将责任落实到个人。

逻辑树需要满足如下三个要素。

(1) 要素化:将相同问题总结归纳成要素,并从中识别出关键要素。

(2) 框架化:遵循不重复、不遗漏的原则,将各个要素组织成框架,即各要素虽然在逻辑上独立,但组合起来后应该能够全面覆盖问题。

(3) 关联化:框架内各要素不能孤立存在,要保持必要的相关性,共同构成一个完整的逻辑体系。

图 1-2 为逻辑树在"某品牌手机线上销售额下降"分析中的应用示意图。

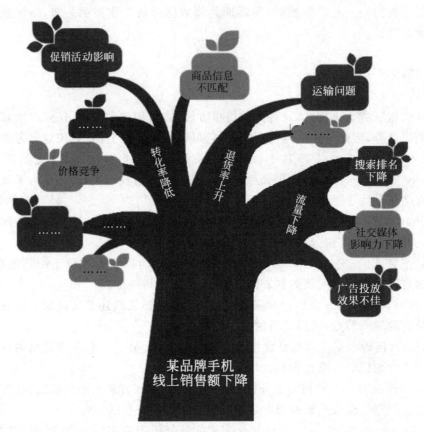

图 1-2　逻辑树在"某品牌手机线上销售额下降"分析中的应用示意图

1.4.3　多维度拆解

多维度拆解方法侧重于从多个角度或维度来考察问题,其关键在于识别分析问题所需的时间、空间、社会经济因素、技术因素等,一旦确定分析维度,数据分析人员就可以从这些维度拆解问题,分析每一个维度对问题的影响。以"提升某品牌手机的市场份额"为例,可以从产品特性、竞争对手、销售渠道等维度展开分析。

（1）产品特性:自身品牌手机的功能、质量、价格等因素是否符合市场需求。

（2）竞争对手:竞争对手品牌手机的特性、销售策略、市场份额等。

（3）销售渠道:不同销售渠道的销售效果的对比,是否存在优化和拓展空间。

……

使用多维度拆解方法的一个重要环节就是明确从哪些维度去进行拆解,一般可以从指标构成或者是业务流程的角度进行拆解。如销售额下降问题,从指标构成角度进行拆解可以进一步明晰与销售额下降直接相关的指标,从销售流程角度进行拆解可以找到导致销售额下降的关键业务节点。多维度拆解的思维方式并非一成不变,同一个问题的拆解方式也有很多种，但万变不离其宗，无论如何拆解，都是为了更好地完成数据分析工作，实现问题的解决或优化。

1.5 常用的数据分析方法

相较于数据分析的方法论而言，数据分析方法就是从微观的角度去指导数据分析工作的开展。常用的数据分析方法多种多样，本节主要介绍如下七种：描述性分析法、对比分析法、相关性分析法、群组分析法、假设检验分析法、归因分析法和预测分析法。

1.5.1 描述性分析法

描述性分析法一般用于回答"是什么"及"怎么样"的问题，它既是最直观的数据分析手段，也是数据分析最基础的工作。但该方法侧重于呈现现状，并不会解释"为什么"，因此一般用在需要对数据进行初步了解、特征描述、异常检测和可视化展示时。描述性分析法通常从以下指标维度展开。

1. 集中趋势指标

（1）均值：数据的平均数，反映的是数据整体的平均水平。

（2）众数：数据集中出现次数最多的数值，反映的是数据的集中点。

（3）中位数：将数据按照从小到大的顺序排列后，位于中间位置的数值。在对称分布的数据集中，均值和中位数较为接近；在偏态分布的数据集中，均值和中位数的偏差较大。中位数最显著的特点在于它不易受极端值的影响，更为稳健。

2. 分散程度指标

（1）方差和标准差：方差是数据集中各数据与均值的差的平方和的平均数，标准差是方差的算数平方根，它们反映的是数据的离散程度，值越大，说明数据集中数值的波动越大。

（2）四分位数：将数据按照从小到大的顺序排列后分成四个等份，每份包含数量相同的数据点，处在三个分割点位置的数值分别为下四分位数（Q_1，25%位置的数值）、中位数（Q_2，50%位置的数值）和上四分位数（Q_3，75%位置的数值）。该类指标可以反映数据的整体分布情况，也可以识别出可能的异常值。

3. 偏态与峰态指标

（1）偏态系数：用于描述数据分布对称性的指标。偏态系数为0时，表示分布是对称的；偏态系数大于0时，表示分布是右偏的；偏态系数小于0时，表示分布是左偏的。

（2）峰度系数：用于描述数据分布峰顶陡峭或扁平程度的指标。峰度系数为0时，表示分布与正态分布基本一致；峰度系数大于0时，表示分布呈尖峰状；峰度系数小于0时，表示分布呈扁平状。

4. 其他指标

（1）极差：数据集中最大值与最小值之差，反映的是数据波动的范围。该指标对异常值较为敏感。

(2) 标准分（z 分数）：原始数据与均值之差除以标准差的商，反映的是一个数据点相对于均值的位置。该指标不会受到原始测量单位的影响。

1.5.2 对比分析法

对比分析法是日常生活中最常见也最常用的一种方法。这种方法就是将两个或两个以上的数据放在一起进行比较，分析它们之间的异同，从中发现数据蕴含的有价值的信息，进而作出正确的判断和评价。对比分析法可以分为横向对比和纵向对比。

1. 横向对比

横向对比是指将两个或多个同类事物放在同一层面上进行比较，具体可以有以下一些比较维度。

(1) 与既定目标比：将实际完成情况与预设目标进行比较。如电商在"双十一"之前都会有自己预定的销售业绩，可以将实际销售业绩和预定销售业绩进行对比，看看是否完成了既定的目标，对未完成的原因进行分析。

(2) 与行业内比：与行业内的标杆、竞争对手或平均水平进行比较。如某品牌手机生产商将自身的产品参数与行业内"领头羊"的产品参数进行对比，寻找改进的空间。

(3) 与同级部门、单位、地区比：这种比较可以了解自身某方面或各方面的发展处于什么样的水平。如某高校将自身的师资力量、办学水平等与同级别的其他高校进行对比，明晰自身的优劣势，确定今后的发展方向。

2. 纵向对比

纵向对比是指对同一事物在不同时间或不同条件下的状态进行比较，具体可以有以下比较维度。

(1) 与不同时期比：对同一指标在不同时间窗口下的数值进行比较。如电商将本年"双十一"的销售业绩与前两年同期的进行对比，对增长或下降的原因进行分析，为来年的销售做准备。

(2) "事发"前后对比：对某件"事情"发生前后的数据进行比较。如某手机销售商为扩大手机的销售量制订了一套促销方案，对促销方案实施前后的销售量进行对比，挖掘对销售有促进作用的关键要素。

使用对比分析法需要注意的是，要保证对比对象之间是存在可比性的，同时对比的指标类型必须是一致的，而且数据应该具有相同的计量单位。

1.5.3 相关性分析法

相关性分析法也是日常生活中较为多见的一种数据分析方法，这种方法主要用于揭示两种或两种以上的数据之间是否存在某种依存关系，如人的身高和体重之间、空气的相对湿度和降雨量之间、工作压力和死亡率之间等。两种数据之间如果存在依存关系，则视为有相关性；否则没有。这种相关性一般使用"相关系数"来衡量，相关系数的正负可以反映两者之间的相关性是同向的还是反向的，绝对值的大小则可以反映相关程度的高低。虽然对相关程度的判断并没有统一标准，但通常按相关系数绝对值大小分成三个区间：0～0.3 被视为低度相关，0.3～0.6 被视为中度相关，0.6～1.0 被视为高度相关。由此可见，相关系数的绝对值越大，表明两种数据之间的相关程度越高。

相关性分析法除了能够对既定数据之间的相关性进行分析，还能够帮助分析人员拓展思路，如在对"销售额下降"问题进行分析时，可以先通过相关性分析法找到对销售额具有影响的因素，再根据相关系数的大小快速锁定主要因素，进而进行有针对性的分析。在众多数据分析方法中，相关性分析法属于比较通俗易懂的，即使没有关于分析方法背景知识的受众，也比较容易理解和接受相关性分析的结果，这也是相关性分析法应用多且广的重要原因之一。

虽然相关性分析法有很多优势，使用也较为方便，但是如果使用不当，也可能会导致错误的分析结果。特别需要注意的是：相关关系并不是因果关系。例如：有调查数据显示冰激凌的销量和溺水事故发生的次数存在相关性，但是这并不意味着冰激凌销量的增加是导致溺水事故增多的原因，两者不具备因果关系，两者之间的这种相关性主要是因为夏天温度升高，人们更倾向于吃冰激凌和更多地参与水上运动，而后者才是导致溺水事故增加的原因。由此可见，在进行相关性分析时，对待相关关系和因果关系的分析要更为谨慎，避免得出错误的因果结论。

1.5.4 群组分析法

群组分析法常用于研究不同群体的行为模式和动态变化，其核心是根据分析目的，按照某个特定的特征，对数据中具有不同特性的对象进行区分，把有相同特性的数据合并在一起，通过各组数据的比较，发现其中的联系和规律，所以该方法通常需要配合对比分析法一起使用。

分组数量是使用群组分析法时需要特别关注的问题，分组数量的多少直接关系到分析的细致程度和结果的准确性，分组过少会造成数据分布集中，无法充分揭示数据的特征和差异，分组过多会导致数据过于分散，结果过于复杂和难以理解，两种情况都不利于观察数据的分布特征和规律，有碍数据分析工作的开展，因此在分析之前需要确定好合适的分组数量。分组通常可以参照如下标准。

（1）人口统计学特征：如性别、年龄、职业等，这种分组标准通常可以用于市场研究或科学研究中，以了解不同人群的行为或偏好。如某城市想要分析不同年龄段人口的就业情况，以便制定更有效的就业政策，可以按照合适的年龄段区间对数据进行划分。

（2）时间序列：将数据按照时间段进行分组，如按照月份、季度或年份进行划分，这种分组标准通常用于趋势和周期性模式的分析。如某电商平台想了解过去一年内销售额的变化情况，以制定更精准的营销策略，平台收集了每日的销售额数据，并按月份对数据进行分组。

（3）业务场景：根据企业或行业的不同业务场景对数据进行分组，这种分组标准有助于更深入理解各业务场景的特点，为制定更有效的决策提供支持。如某视频平台想要考察平台的用户留存率,可以根据用户的注册月份对用户进行分组,以观察用户留存率与月份之间是否存在关联性。

1.5.5 假设检验分析法

假设检验分析法也是数据分析方法中非常重要的一种,主要用于根据样本数据对总体参数或总体分布形式作出推断,其核心思想是先提出关于总体参数的假设,再通过样本数据来检验这个假设是否成立,从而为决策者作出科学、客观的决策提供支持。该方法主要包括四个步骤。

1. 提出假设

根据要解决的问题提出研究假设。例如,某糖果生产商想了解新的糖果配方是否比传统配方更受小朋友的欢迎,可以提出如下假设。

H_0(原假设):新配方和传统配方在小朋友中的受欢迎程度没有差别。

H_1(备择假设):新配方比传统配方更受小朋友欢迎。

2. 收集数据

对于之前提出的假设,不能靠主观猜想或臆断来证明假设的成立与否,而是需要找到证据证实假设成立或不成立,因此需要根据假设进行相关数据的采集。针对上述假设,该糖果生产商可以组织一场试吃测试,让 50~100 个小朋友各自独立试吃两种不同配方的糖果,并记录他们更喜欢的糖果种类。

3. 分析并得出结论

选择合适的检验统计量对样本进行分析,并设定检验结果的显著性水平,根据显著性水平判断是接受还是拒绝原假设。如本例中数据是二项分布的,可以采用卡方检验来进行分析,并将显著性水平设定为 0.05,计算所采集样本数据检验统计量的概率 p 值,如果 p 值小于 0.05,则拒绝原假设,认为有足够证据支持新配方更受小朋友的欢迎,否则接受原假设,认为新配方和传统配方的受欢迎程度没有差别。

4. 作出决策

根据之前得出的结论作出最优决策。如果原假设被接受,则该糖果生产商要考虑是否在改进后再根据新的测试结果决定推广与否,如果原假设被拒绝,则该生产商可以考虑加大新配方糖果的推广力度,以提升销售量获得更多利润。

从上述步骤不难看出,提出假设是使用假设检验分析法时非常关键的一环。一般情况下,人们习惯于根据自身以往的经验提出假设,但这是存在风险的,很有可能会遗漏一些重要的假设。因此,如何客观提出假设就显得尤为重要。以"某品牌手机销售额下降"为例,如果要进行假设检验分析,可以从多个不同的维度考虑提出假设,如从用户维度提出类似于"用户更换手机的周期延长了"的假设,从产品维度提出类似于"手机的设计不符合用户需求"的假设,从竞争对手维度提出类似于"具有相同功能的竞品价格更低"的假设,通过假设检验的分析结果可以快速定位造成问题的关键原因,根据假设所对应的具体部门,将后续的问题解决落实到各个部门。

1.5.6 归因分析法

归因分析法是一种综合性强、应用范围广的数据分析方法,它通过定量和定性的手段,对特定的结果进行解释和归因,是一种评估和分析多个因素对某一结果的贡献度的方法。通过归因分析找到事情发展的原因,识别所有对最终转化有贡献的因素,并确定每个因素的贡献度。归因分析法大致可以分成以下两种类型。

1. 单触点归因

单触点归因(single touchpoint attribution,STA)的核心思想是将转化的全部贡献都归功到某一因素上,常见的模型有如下两种。

(1) 首次触点归因模型:这种模型将对最终转化的贡献全部归于第一次的接触。例如某公司在进行品牌宣传时,更关心用户是在什么时间、什么地点第一次接触到该品牌,这有助于公司了解哪些渠道对于吸引用户更有效,为后续的市场拓展提供参考。

(2) 末次触点归因模型:这种模型将对最终转化的贡献全部归于最后一次的接触。例如某手机品牌商在进行市场调研时,更关心促使用户最后决定购买该品牌手机的宣传方式或渠道,这有助于该品牌商更有针对性地制定销售策略。

2. 多触点归因

和单触点归因不同,多触点归因(multi-touchpoint attribution,MTA)认为转化的贡献是多个不同因素共同作用的结果,而不会把这个贡献全部归因于某一个因素,常见的模型有如下三种。

(1) 线性归因模型:这种模型认为转化过程中的每一个接触都很重要,它们对最后转化的贡献是一样的。例如,一个用户在决定购买某品牌手机前,分别从电视广告、社交媒体推广、车身广告三个不同渠道接触到该品牌手机的信息,线性归因模型会认为这三个渠道对这次销售的贡献是相同的,在分析时应当赋予相同的权重。

(2) 时间衰减归因模型:这种模型认为接触点越接近最终转化的时间节点,其贡献越大,因此会对最近的接触点赋予更大的权重。例如,一个用户从考虑买一款手机到最后实际购买,经过了一个月的时间,月初用户浏览了品牌商的在线商城,月中在社交媒体的推广上又看到了该品牌手机的广告,月末通过某在线商城搜索并完成了购买,时间衰减归因模型会认为某在线商城搜索的贡献最大,在分析时会赋予更大的权重,具体的权重可以通过线性衰减、指数衰减等方法进行计算。

(3) 位置归因模型:这种模型是根据接触点在转化过程中所处的位置来分配权重,一般情况下,首末位置会被赋予更大的权重。以上例来说,用位置归因模型分析时,品牌商的在线商城和某在线商城搜索会被认为作出了同样多的贡献,社交媒体的推广的贡献则偏少,在分析时,前两者可能会分别被赋予40%的权重,而后者则被赋予20%的权重。

1.5.7 预测分析法

对数据进行分析的目的不仅仅是了解过去,更重要的是预测未来的行为或趋势,以应对潜在危机、优化未来的工作等。预测分析法也是一种非常重要的数据分析方法,可以在结构化数据和非结构化数据(unstructured data)中使用,它是一种基于统计或数据挖掘技术,通过对过去和现在数据的分析来预测未来的过程。常用的预测分析法有如下三种。

1. 时间序列分析

该方法主要用于分析按时间顺序排列的数据,其核心在于理解和预测数据随时间变化的趋势与模式。该方法的应用非常广泛,如企业可以用来进行销售和需求预测,金融领域可以用来预测股票价格、汇率和利率的变化,气象学领域可以用来预测温度、降雨量和风速等。相关的方法有很多,如移动平均法、指数平滑法、ARIMA 模型等。

2. 回归分析

该方法主要通过建立自变量和因变量之间关系的数学模型来实现预测。无论是在学术研究还是在商业实践中,回归分析都是一种不可或缺的分析方法。例如,在市场营销领域,可以通过分析广告投入和销售额之间的关系,更好地规划广告预算和预测销售收入;在医学领域,可以通过分析患者的基因、生活习惯、疾病史等因素来预测某种疾病发生的概率,为医生制订个性化治疗方案、提升治疗效果提供依据。相关的方法也有很多,如线性回归(linear regression)、逻辑回归(logistic regression)、非线性回归等。

3. 机器学习方法

在大数据时代背景下,数据规模正以指数级速度急剧膨胀,传统数据分析方法已难以应对如此庞大的数据挑战,机器学习方法的出现为处理和分析海量数据提供了全新的解决思路,它不仅能够处理和分析大规模的数据集,还能从中提取有价值的信息,为决策提供支持。例如,在交通领域可以用于预测交通流量和拥堵情况,以优化交通管理和路线规划;在旅游领域可以用于预测热门景点重大节假日的客流量,以制订合理的资源分配方案和有效的安全管理措施。相关的方法有很多,如决策树(decision tree)、随机森林(RF)、支持向量机(SVM)等。

1.6 数据分析在现实领域的应用

数据分析作为处理和解读数据的关键技术,已经渗透到我们日常生活的各个领域中。从金融市场走势的精准预测,到电商平台为消费者提供的个性化推荐,再到医疗领域的精准治疗,数据分析的应用领域正在不断拓宽,展现出强大的应用潜力和价值。本节主要介绍一些数据分析应用较为广泛且深入的领域。

1.6.1 商业领域

商业领域是数据分析应用较早且涉及业务较为宽泛的领域。数据分析能力目前已经成为企业不可或缺的重要能力之一,是企业在激烈的市场竞争中取得优势的重要助力。

(1) 销售预测。通过对历史销售数据、市场趋势、季节因素等的分析,预测未来一段时间内的销售趋势和潜在需求,提前制定销售策略。

(2) 渠道优化。通过对线上渠道和线下渠道、直销渠道和分销渠道的销售数据分析,发现最佳销售渠道组合,优化销售网络布局。

(3) 绩效提升。通过对销售人员的业绩数据分析,评估销售人员的绩效表现,制订针对性的培训和激励措施,推动绩效提升。

(4) 客户细分。通过对客户购买记录、浏览记录等数据的分析,将客户划分成不同的细分市场,制定更精准的市场营销策略,提供更具个性化的产品和服务,提升客户的满意度和忠诚度。

(5) 产品线调整。通过各类产品或系列产品的销售状况及区域市场接受度分析,调整产品线策略,以更好地满足市场需求。

(6) 竞争策略制定。通过对竞争对手产品、价格、市场占比等数据的分析,了解竞争对手的优劣势,准确定位自身的市场地位及竞争优势,有针对性地制定竞争策略,提高市场占有率。

1.6.2 金融领域

金融市场的日益复杂和竞争加剧,使金融机构面临越来越多的挑战和机遇,数据分析作为一种强大的工具,为金融机构准确把握市场动态、洞察客户需求、优化业务流程,在激烈的市场竞争中脱颖而出提供了有力的支持。

(1) 风险管理。通过客户的借记卡和信用卡交易记录、手机定位数据、社交媒体活动等的分析,进行更全面、准确的信用评估,提高风险管理能力,有效识别和预防欺诈行为。

(2) 投资策略。通过对历史交易数据的分析,识别市场中的交易信号和模式,制定合理的投资决策,帮助投资者抓住投资机会,提高投资的准确性。

(3) 个性化营销。通过客户的购买历史、偏好和反馈等的分析,了解客户需求和行为模式,制定精准营销策略,提供个性化的产品和服务推荐,满足客户的特定需求。

(4) 优化运营效率。通过业务流程数据的分析,找到流程中的瓶颈问题,提出改进措施,降低运行成本,提高运营效率。

(5) 产品开发。通过客户交易数据、市场趋势、竞争对手产品特性等的分析,识别客户的痛点和期望,有针对性地进行产品设计,使产品更贴合市场需求。

(6) 信贷决策。通过对潜在借款人的信用历史、财务状况、还款记录等数据的分析,建立风险评分模型,全面评估借款人的信用状况和还款能力,对借款人进行风险评级,在降低信贷风险的同时,提高信贷审批的效率和准确性。

1.6.3 制造业领域

制造业作为国民经济的支柱产业,面临市场竞争激励、成本压力增大、客户需求多样化等挑战,掌握和应用数据分析技术已经成为其提升竞争力、实现转型升级的必然选择。

（1）供应链管理。通过供应商、订单、库存、运输等数据的分析，监控整个供应链的运行情况，及时根据问题调整策略，优化供应链的效率和稳定性。

（2）质量控制。通过生产过程中数据的分析，实时监测产品质量，及时发现潜在质量问题并采取相应改进措施，降低次品率，降低售后维修和退货成本。

（3）预防性维护。通过机器设备传感器数据的分析，预测设备故障的可能性，提前介入维护措施，避免因设备故障导致生产线停机，减少生产延误和维修成本，提高设备利用率和整体生产效率。

（4）环境与安全监控。通过设备的噪声、振动水平等数据的分析，发现潜在安全隐患和风险点，及时处理异常情况，保障工作环境的安全和健康。

（5）人员配置优化。通过员工工作状态数据的分析，全面了解员工的工作效率，根据生产需求灵活调整员工岗位，实现人力资源的最大化利用，减少员工冗余和冲突，提高团队协作效率。

（6）能源管理。通过历史和实时能源相关数据的分析，掌握能源消耗趋势，预测未来能源消耗情况，识别能源浪费的环节，优化能源消耗策略。

1.6.4 医疗领域

医疗领域拥有包括患者病历、诊断信息、治疗过程、药物效果等海量的数据资源，它们是医疗质量和效率提升的关键，而数据分析正是解锁这些数据价值的关键工具。

（1）诊断与治疗。通过患者医疗记录、检查结果、影像学报告等数据的分析，医生能够更准确地诊断疾病，制订更合理的治疗方案，同时根据患者治疗过程数据的分析，及时调整治疗方案，以达到更好的治疗效果。

（2）资源配置。通过对设备、病床、医护人员等资源运转情况数据的分析，评估资源的供需平衡，优化医疗设施、床位和医护人员配置，确保资源空间分配合理，医护人员在高峰时段也能充分应对患者需求，减少患者等待时间，提高服务品质。

（3）疾病防控。通过疾病流行病学、环境因素和社会经济因素等数据的分析，预测疾病暴发或流行的趋势，及时采取预防措施，减少疾病蔓延给社会带来的冲击。

（4）药物研发。通过药物分子结构、药理学特性和临床实验结果等数据的分析，辅助研发人员预测药物的效果、副作用和安全性，选择最有希望的合成方案，加速研发进程。

（5）慢性病管理。通过可穿戴设备的健康状况数据分析，及时根据患者健康状况调整生活习惯、饮食和运动方案，有效控制慢性病的发展，降低并发症的风险。

1.6.5 交通领域

交通的运行效率、安全性和服务质量对于推动城市的可持续发展至关重要，数据分析作为一种能够深度挖掘交通数据、揭示其内在规律的技术手段，正逐渐成为推动交通领域进步的关键力量。

（1）道路规划。通过道路交通流量、车辆行驶轨迹等数据的分析，预测未来的交通状况，制订科学的交通规划方案，优化道路网络布局，提高交通系统的整体效率。

(2) 拥堵治理。通过交通流量、车辆行驶速度等实时数据的分析,及时发现交通拥堵情况,智能调整交通信号灯时序,优化道路通行能力,缓解拥堵现象。

(3) 事故防范。通过交通事故历史数据的分析,找出事故发生的规律和原因,针对事故多发路段,采取加强交通监管、增设安全设施等措施,降低事故发生的概率。

(4) 公共交通管理。通过乘客出行需求、上下车地点和时间分布等数据的分析,了解乘客出行偏好和热点区域,优化公交车运营路线和发车间隔,满足乘客出行需求。

(5) 车辆监控。通过车辆行驶数据的实时监查和分析,及时发现超速、急刹车等危险行为,通过预警系统提醒驾驶员注意安全,提高道路安全水平。

1.6.6 政务领域

政务领域决策的科学性、管理的精细化和服务的优质化直接关系到国家发展和民生福祉,数据分析的应用也日益受到重视。

(1) 政策制定与评估。对社会经济发展现状、民生需求、产业结构等数据的分析,为政策制定提供科学依据,如通过税收数据评估税收政策的效果,根据分析结果调整税收率,这种基于数据驱动的决策方式,使得政策的制定更为精准和有效。

(2) 城市管理。通过历史和实时数据的分析,预测未来城市的人口分布、交通流量、能源消耗等情况,制订科学、合理的城市规划方案,优化城市空间布局,提高城市资源利用率。

(3) 应急管理。通过各类安全事件数据的分析,预测潜在的安全风险,制订预防措施,在应急事件发生时,帮助政府迅速了解事件情况,制定应急响应策略,降低损失。

(4) 财政监管。通过财政收支、税收、社保等数据的分析,了解财政资金流动情况,发现资源配置的不合理之处,优化财政支出结构,提高财政资金使用效率。

(5) 灾害预警。通过历史灾害数据的分析,识别灾害发生的模式、趋势和规律,预测未来可能发生的灾害类型和程度,制定预警机制,为灾害应对争取宝贵时间。

思考题

1. 简述数据分析的定义,并阐释其在现代社会中的重要性。
2. 数据分析的基本流程包括哪些步骤?
3. 常用的数据分析方法有哪些?

即测即练

第 2 章 数据采集与存储

数据采集是数据分析、挖掘的基础且重要环节,俗话说,"巧妇难为无米之炊",原始数据质量不高,再好的数据特征筛选技术、分析模型等也难以发挥其优势。本章在对数据采集相关概念进行介绍的基础上,通过不同的项目展示了 Web 数据采集的方法,包括静态网页数据采集、动态网页数据采集、高性能数据采集。

本章学习目标

(1) 理解数据类型及相应的采集方法;

(2) 理解网络爬虫数据采集的基本工作流程,能够对动态、静态网页实施有效的数据采集与存储;

(3) 理解高性能数据采集的原理,掌握基于进程池的数据采集方法。

2.1 数据与数据采集

数据是指对客观事物未经处理的原始记录,是对客观事物性质、状态以及相互关系等进行刻画的可鉴别符号或符号的组合。例如,企业库存记录报表、上市公司披露信息、学生考试成绩等。数据不仅包含数字,也包含具有一定意义的文字、字母等符号的组合。除此之外,用于描述客观事物属性、数量、相互关系的音频、视频、图形等也属于数据范畴。在计算机及信息科学领域,数据通常指所有能输入计算机并被计算机程序处理的符号的介质的总称。随着计算机存储和处理对象的日益广泛,刻画这些对象的数据也变得越来越复杂。

在当今云计算、大数据、人工智能等新兴信息技术爆发的时代,人类日常经济社会生活中每时每刻所产生的数据均可以被记录下来,如社交媒体数据、智能制造传感器数据、电商交易数据等。由于这些数据数量庞大且类型多样,就现阶段技术手段而言,将所有数据汇总后对其背后价值进行挖掘是不现实的,因此需要面向数据分析需求,结合原始数据场景,制定有针对性的数据采集策略。例如,利用在线招聘信息分析企业人才需求情况,则有可能需要根据不同招聘信息发布平台各自的特点制定相应的数据抓取策略。

扩展阅读 2-1 把握数字时代新趋势 共享美好数字生活

2.2 数据类型与采集方法

数据除了自身表现形式外,还需要与语义相结合,才能够完整表达其承载的信息。例如,89 既可以表示某人体重,也可以表示某位同学某次考试的成绩。当数据脱离语义,将不具备任何价值。由此,根据数据的表现形式和语义特点,可以从不同角度区分数据类型,如表 2-1 所示。

表 2-1 数据类型及示例

划分依据	类型示例
数据性质	定性数据,如性别、考试成绩等级等; 定量数据,如身高、体重等
表现形式	离散数据,如学生人数、企业数量等; 连续数据,如身高、体重、工业总产值等
数据载体	图像数据,如网页图片、视频等; 文本数据,如网页文字、符号等
数据构成	结构化数据,如财务报表、工作报表等二维表格数据; 半结构化数据,如 XML、HTML 等层次化数据; 非结构化数据,如文档、图片、音视频等数据

虽然数据类型划分方式多样,但数据往往是根据其构成进行存储的,进而,在新兴信息技术领域主要采用结构化数据、半结构化数据、非结构化数据的划分方式,并根据对应存储方式的特点采用不同的数据采集方法。

1. 结构化数据

结构化数据是指可以借助关系型数据库进行存储的数据,其构成形式主要表现为二维表格。其中,行表示数据所表征的实体,列表示实体所拥有的原子属性,如表 2-2 所示。结构化数据借助关系模型进行表示和存储,常用的关系型数据库包括 MySQL、Oracle、SQL Server 等。由于结构化数据的存储具有很好的规律性,其采集可以借助结构化查询语言实现,具有较强的便捷性,但是扩展性较差。

表 2-2 结构化数据(二维表格)

学号	姓名	性别
1001	张三	男
1002	李四	女

2. 半结构化数据

半结构化数据本质上是结构化数据的一种特殊形式,但并不符合关系数据模型,往往通过相关标记分割语义元素,从而实现所表征实体记录的分层。半结构化数据表征的实体可以拥有多种属性,且这些属性的重要程度相同,如利用 HTML(hypertext markup language,超文本标记语言)格式文件表征学生个人信息(代码 2-1)。半结构化数据是具有一定格式的非关系型数据,包含 HTML、XML、JSON 等格式,常用于邮件系统、新闻网站等 Web 信息表示。由于半结构化数据的层次性可以理解为一种树状结构,因此可以通过网络爬虫与数据解析相结合的方式实现相应数据的采集。

代码 2-1

```
1    <student>
2        <sno>1003</sno>
3        <sname>王五</sname>
4        <sgender>男</sgender>
5    </student>
```

3. 非结构化数据

非结构化数据是指不存在固定结构的数据,包括各类文档、图片、音视频等。对于该类数据往往采用二进制形式进行存储,如图 2-1 所示。相应地,非结构化数据格式及其标准也是多种多样的,现实中往往通过网络爬虫、数据存档等方式对其进行数据采集。此外,在利用爬虫进行数据采集时,需要遵循法律法规和道德规范,不得侵犯他人合法权益。

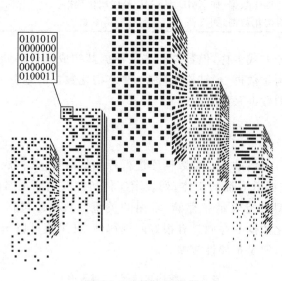

图 2-1 非结构化数据

2.3 静态网页数据采集

本节在介绍网络爬虫基本工作流程的基础上,运用 Python 语言中的 requests 和 BeautifulSoup 库,对古典名著网(http://www.gudianmingzhu.com/guji/index.html)上某部古典名著的内容进行采集,进一步说明网络爬虫在静态网页数据采集中的应用。

2.3.1 网络爬虫的基本工作流程

网络爬虫亦称网页蜘蛛、网络机器人等,即一种按照一定的规则,模拟浏览器发送网络请求,接收请求响应,自动地抓取互联网信息的程序。理论上,只要是浏览器(客户端)能够访问到的信息,网络爬虫均能够获取。按照数据抓取范围的不同,网络爬虫可以分为通用爬虫和聚焦爬虫两大类。前者抓取互联网上的所有资源,如百度、必应等搜索引擎;后者根据特定主题选择性抓取网页数据。

网络爬虫的基本工作流程可以分为抓取、解析和存储三个步骤,如图2-2所示。抓取环节向所访问的URL(统一资源定位器)发送请求,并获取网站服务器的响应。解析环节运用正则表达式、BeautifulSoup等工具对所获得的响应网页进行内容解析。存储环节则是将解析出的内容按照特定格式(如文本形式、数据库形式等)进行保存。

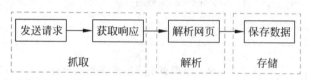

图2-2 网络爬虫基本工作流程

2.3.2 网络爬虫发送请求

本部分利用Python语言中的requests包对目标网页发送请求和获取响应。requests包拥有get和post两种发送请求的方法,二者的区别在于所访问网页服务器是否需要客户端提供验证信息(如登录注册页面)。针对登录成功的页面,也可以通过requests处理cookie的方式实现get方法访问页面,而不需要再次通过post方法提交信息。

通过"检查"方式查看目标页面Headers信息可以发现(图2-3),访问方法为get,由此采用requests库中的get方法对其进行请求。该方法请求过程中一般至少需要提供URL和Headers两个参数的数值,其中,URL为所访问页面的网址;Headers为请求头的相关参数信息,应包含User-Agent和Cookie两项内容。

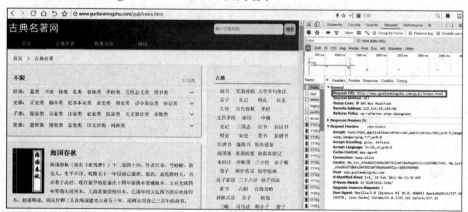

图2-3 检查目标页面

访问目标页面代码如代码 2-2 所示。运行代码后,程序打印响应状态码(response.status_code)结果为 200,说明网页请求未产生任何异常。常见的网页请求响应属性及含义如表 2-3 所示。需要注意的是,response.text 和 response.content 获得的响应的数据类型是不同的,二进制内容不需要进行编码,而字符串内容需要根据网页所采用的编码标准对其进行编码,否则会出现乱码。通过"检查元素"可以发现目标页面的编码标准为"utf-8",通过相同的标准对响应内容进行编码,相关代码及结果如代码 2-3 所示。

代码 2-2

1	`import requests as rq`
2	`url = r'http://www.gudianmingzhu.com/guji/index.html'`
3	`headers = {'Cookie': 'Hm_lvt_d3ed6b57db0a20f3622df58e9de0452c = 1693887144; Hm_lpvt_d3ed6b57db0a20f3622df58e9de0452c = 1693899429 ', 'User - Agent' : 'Mozilla/5.0 (Windows NT 10.0; WOW64) AppleWebKit/537.36 (KHTML, like Gecko) Chrome/65.0.3325.181 Safari/537.36'}`
4	`response = rq.get(url, headers = headers)`
5	`print(response.status_code)`
结果	200

表 2-3 常见的网页请求响应属性及含义

属　性	含　义
response.text	响应字符串(str)类型
respones.content	响应二进制(bytes)类型
response.status_code	响应状态码
response.request.headers	响应对应的请求头
response.headers	响应头
response.request._cookies	响应对应请求的 cookie
response.cookies	响应的 cookie(经过了 set-cookie 操作)

代码 2-3

1	`response.encoding = 'utf - 8'`
2	`print(response.text)`
结果	```<!DOCTYPE html><html><head><meta http-equiv="Content-Type" content="text/html; charset=UTF-8"><title>古典名著_古籍大全_古典名著网</title><meta name="viewport" content="width=device-width,user-scalable=no,initial-scale=1.0"><meta name="keywords" content="经史子集,古典名著" /><meta name="description" content="经史子集,古典名著古籍大全"><link rel="stylesheet" type="text/css" href="/skin/m.css"><script src="/skin/js/jq.js"></script><script src="/skin/js/menu.js"></script></head><body><div id="topbanner"><div id="logo" class="wrap"><i class="iconfont icon-menu top-icon" id="open"></i><div id="logoimg"><a href="http://www.gudianmingzhu.com/"><img src="http://www.gudianmingzhu.com/skin/img/logo.png" title="古典名著"></a></div><div id="sitename">古典名著网</div><div class="search-form">```

2.3.3 网页内容解析

目标网页给出了网站所有名著的列表,而每部名著的具体内容需要通过列表中的链接获取。对此，首先利用 BeautifulSoup 库对目标网页中每部名著的链接进行解析，然后针对一部名著的内容再次通过请求获取响应、解析、存储的方式进行采集。

BeautifulSoup 是一个用于从 HTML 和 XML 文件中提取数据的 Python 库。它提供了一种简单的方式对文档的树状结构进行解析，进而可以通过标签定位的方式实现待采集数据的定位。BeautifulSoup 提供了搜索标签（find）和 CSS（cascading style sheet，级联样式表）选择器两类基本的标签定位方法[①]，同时还支持 lxml、html.parser、html5lib 等多种解析器。

如图 2-4 所示，通过"检查元素"可以看到当前页面所有著作的章回列表的网页链接均位于 h2 标签下的 a 标签之中。因此，可以借助 BeautifulSoup 中的 select 方法实现页面中所有著作章回地址的筛选，相关代码与解析结果如代码 2-4 所示。

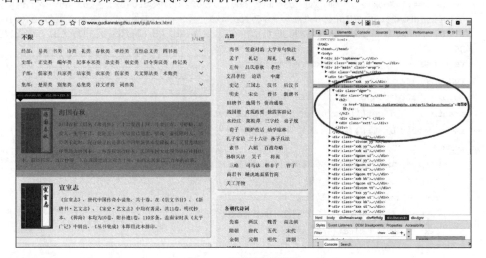

图 2-4 网页元素定位

代码 2-4

1	`from bs4 import BeautifulSoup as bs`
2	`soup = bs(response.text,'lxml')print(response.text)`
3	`chapters = soup.select('h2 a')`
4	`print(chapters)`
结果	[<a href="http://www.gudianmingzhu.com/guji/haiguochunqiu">海国春秋</a>, <a href="http://www.gudianmingzhu.com/guji/xuanshizhi">宣室志</a>, <a href="http://www.gudianmingzhu.com/guji/datangxinyu">大唐新语</a>, <a href="http://www.gudianmingzhu.com/guji/lingongan">林公案</a>, <a href="http://www.gudianmingzhu.com/guji/ligongan">李公案</a>, <a href="http://www.gudianmingzhu.com/guji/duyizhi">独异志</a>, <a href="http://www.gudianmingzhu.com/guji/hedongji">河东记</a>, <a href="http://www.gudianmingzhu.com/guji/houhanyanyi">后汉演义</a>, <a href="http://www.gudianmingzhu.com/guji/qianhanyanyi">前汉演义</a>, <a href="http://www.gudianmingzhu.com/guji/nvxianwaishi">女仙外史</a>, <a href="http://www.gudianmingzhu.com/guji/liugongan">刘公案</a>, <a href="http://www.gudianmingzhu.com/guji/lingbiaoluyi">岭表录异</a>, <a href="http://www.gudianmingzhu.com/guji/chaoyeqianzai">朝野佥载</a>, <a href="http://www.gudianmingzhu.com/guji/longchenglu">龙城录</a>, <a href="http://www.gudianmingzhu.com/guji/xiaowuyi">小五义</a>, <a href="http://www.gudianmingzhu.com/guji/nanbeishiyanyi">南北演义</a>, <a href="http://www.gudianmingzhu.com/guji/chunqiupei">春秋配</a>, <a href="http://www.gudianmingzhu.com/guji/xiuyunge">绣云阁</a>, <a href="http://www.gudianmingzhu.com/guji/leifengtachuanqi">雷峰塔奇传</a>, <a href="http://www.gudianmingzhu.com/guji/hanxiangziquanzhuan">韩湘子全传</a>, <a href="http://www.gudianmingzhu.com/guji/baimudan">白牡丹</a>, <a href="http://www.gudianmingzhu.com/guji/nanyouji">南游记</a>, <a href="http://www.gudianmingzhu.com/guji/xiaobayi">小八义</a>, <a href="http://www.gudianmingzhu.com/guji/yijianzhi">夷坚志</a>, <a href="http://www.gudianmingzhu.com/guji/shierlou">十二楼</a>]

2.3.4 解析内容存储

针对 BeautifulSoup 解析结果，以《海国春秋》这部著作为例，对其章回内容进行采集，主

---

① 关于 BeautifulSoup 的使用请参考官方说明文档：https://beautifulsoup.readthedocs.io/zh_CN/v4.4.0/。

要过程如下：首先，依然采用网页请求与获取响应的方式获得该著作四十回的网址；然后，针对每个网址，通过查找元素的方式定位正文内容所在标签；最后，针对解析出的内容进行存储。对于 Web 数据的格式（即二进制和字符串）一般采用二进制文件或文本文件的方式进行存储。当采用文本文件进行存储时，需要注意文件的编码标准，以备后续使用。上述数据采集过程及结果如代码 2-5 所示。

代码 2-5

```
1   import requests as rq
2   from bs4 import BeautifulSoup as bs
3   url = r'http://www.gudianmingzhu.com/guji/haiguochunqiu/'
4   headers = {'Cookie': 'Hm_lvt_d3ed6b57db0a20f3622df58e9de0452c = 1693887144;Hm_lpvt_d3ed6b57db0a20f3622df58e9de0452c = 1693899429', 'User – Agent': 'Mozilla/5.0 (Windows NT 10.0; WOW64) AppleWebKit/537.36 (KHTML, like Gecko) Chrome/65.0.3325.181 Safari/537.36'}
5   response = rq.get(url, headers = headers)
6   response.encoding = 'utf – 8'
7   soup = bs(response.text, 'lxml')
8   chapters = [i.get('href') for i in soup.select('div[class = "djnr"] a')]
9   fw = open(r'D:\海国春秋.txt','w', encoding = 'utf – 8')
10  for chap in chapters:
11      resp = rq.get(chap, headers = headers)
12      resp.encoding = 'utf – 8'
13      soup = bs(resp.text, 'lxml')
14      fw.write(soup.select('h1')[0].get_text() + '\n\n')
15      text = soup.select('p')
16      for t in text:
17          fw.write(t.get_text() + '\n\n')
18  fw.close()
```

结果

《海国春秋》第一回

悲歌一曲招贤士 国倾家亡出杰人

话说历史上唐室不纲，黄巢起事，天下分崩，生灵涂炭。

接下来是五代不断，奸佞是尚，仁义丧亡，四维既不能修，传国又何能久？其间稍可称者，唐明宗后，如周太祖亦颇多善政，然皆莫能赎其前愆，是以未再传而绝灭。若于黄袍加体，众呼万岁之时，即不知如张益州之下马同呼，岂不知以死自誓，杀身成仁，流芳百世，岂不美于千古同称篡逆乎！况左右皆是腹心，以纲常大义，再三开导，岂不依，又何至于死！如忧主弱将悍，神器终属他人，则何不权时摄行，而以法削铲首乱者，仍复辟于主乎？初既不能以死辞，后又不能以权复，则是宿谋可知。何期转眼虚花，未数年，即有宋太祖葫芦依样。宋太祖既忍背世宗，宋太宗又何必不忍背太祖？承祧之用异姓，二王之不得其死，天网何常疏漏哉！皆由废弃仁义，狙诈成风之所致也。

且言周自世宗驾崩，太后垂帘，太子嗣统，殿前都检点赵匡胤羽翼已成，心腹满布，其中尤杰黠者，有王审琦、王彦升、石守信、史圭、王汉卿、郭全云、楚昭辅、陶谷、赵普、苗光义、李处耘、王溥、罗彦环、张令铎、张光辅、赵彦徽、王全云、陈思海、李汉超、慕容延钊、符彦卿、潘美、刘光义、王仁瞻、曹翰、刘延义、赵廷翰、王彦超、武行德、郭进、来信、王汭等，其余惠效死力者，不可胜数。建隆元年正月，乃使其党假作镇州、定州急报，皆称北汉王约同契丹，乘丧大举入寇，兵精将猛，锋不可当当要获取所有页面上名著列表的章回地址时,需要根据页面地址的特点进行构造,然后再次通过上述三个环节实现每部著作内容的采集。如图 2-5 所示,通过人工翻页并观察地址变化,可以发现除了第一页外,后面的每页地址变化具有一定的规律性。进而可以通过循环方式构造所有页面的地址列表,相关代码与结果如代码 2-6 所示。

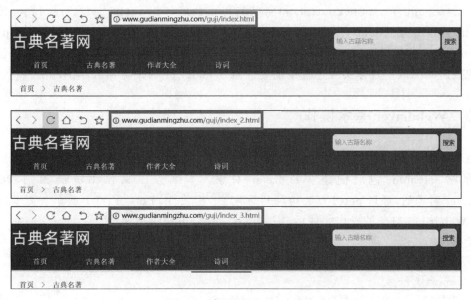

图 2-5　章回网页地址变化

代码 2-6

1	`urls = ['http://www.gudianmingzhu.com/guji/index.html']`
2	`temp = 'http://www.gudianmingzhu.com/guji/index_{}.html'`
3	`for i in range(2,11):`
4	`    urls.append(temp.format(i))`
5	`print(urls)`
结果	['http://www.gudianmingzhu.com/guji/index.html', 'http://www.gudianmingzhu.com/guji/index_2.html', 'http://www.gudianmingzhu.com/guji/index_3.html', 'http://www.gudianmingzhu.com/guji/index_4.html', 'http://www.gudianmingzhu.com/guji/index_5.html', 'http://www.gudianmingzhu.com/guji/index_6.html', 'http://www.gudianmingzhu.com/guji/index_7.html', 'http://www.gudianmingzhu.com/guji/index_8.html', 'http://www.gudianmingzhu.com/guji/index_9.html', 'http://www.gudianmingzhu.com/guji/index_10.html']

2.4　动态网页数据采集

本节在介绍 Web 自动化测试工具 selenium 的基础上,通过设计 Python 程序,对前程无忧招聘信息网(https://www.51job.com/)上"爬虫开发工程师"的招聘信息进行采集,进一步说明网络爬虫在动态网页数据采集中的应用。

2.4.1　Web 自动化测试工具 selenium

日常访问的 Web 页面除了静态网页外,还有采用了动态网站技术(如 PHP、ASP、JSP

等)生成的动态网页。这一类网页的最大特点是网页源码往往通过特定技术渲染,针对静态网页的数据采集方法难以获取目标内容。对于此种情况,需要借助 Web 自动化测试工具 selenium 进行数据采集。

  selenium 是一套完整的 Web 应用程序测试系统,包含测试的录制(selenium IDE)、编写及运行(selenium remote control)和测试的并行处理(selenium grid)。selenium 的核心 selenium core 基于 JsUnit,完全由 JavaScript 编写,因此可以用于任何支持 JavaScript 的浏览器。Python 爬虫借助 selenium 的 Webdriver,模拟用户操作启动浏览器,进而定位元素并实现数据的抓取。具体实现过程中需要注意 Webdriver 与浏览器版本的匹配性。①

2.4.2 Webdriver 基本操作

  由于基于 selenium 的 Python 爬虫是通过 Webdriver 实现动态页面数据抓取,因此需要在导入 selenium 包后创建 Webdriver 对象。本部分以火狐浏览器为例,在创建 Webdriver 对象后,通过 get()方法访问目标网页,相关代码如代码 2-7 所示。需要注意的是,当 Webdriver 对象的操作完成后,需要通过 quit()方法退出驱动。

代码 2-7

```
1    from selenium import webdriver
2    import time
3    driver = webdriver.Firefox()
4    driver.get("https://we.51job.com/pc/search?keyword=%E7%88%AC%E8%99%AB%E5%
     BC%80%E5%8F%91%E5%B7%A5%E7%A8%8B%E5%B8%88&searchType=2&sortType=
     0&metro=")
5    time.sleep(3)
6    driver.close()
```

结果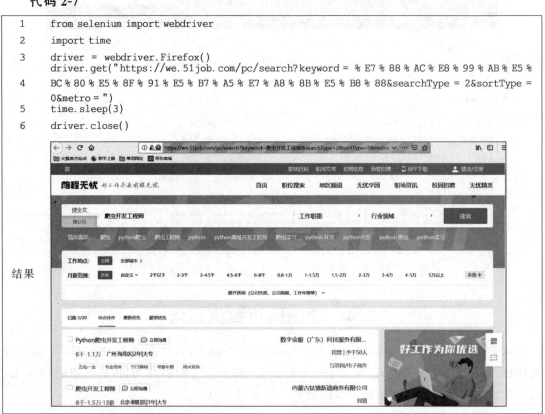

---

 ① 谷歌浏览器 ChromeDriver:http://chromedriver.storage.googleapis.com/index.html;
  火狐浏览器 GeckDriver:https://github.com/mozilla/geckodriver/releases;
  Edge 浏览器 WebDriver:https://developer.microsoft.com/en-us/microsoft-edge/tools/webdriver/。

selenium 除了可以启动浏览器访问网页外，还可以对浏览器的控件进行操作，也可以模拟鼠标与键盘指令，相关基本操作方法如表 2-4 所示。当对浏览器或鼠标与键盘操作时，需要分别通过语句 from selenium.webdriver.common.action_chains import ActionChains 和 from selenium.webdriver.common.keys import Keys 引入对应的模块。

表 2-4　selenium 基本操作方法

方法	功能	方法	功能
driver.back()	页面后退	ActionChains(driver).double_click().perform()	鼠标双击
driver.forward()	页面前进	ActionChains(driver).context_click().perform()	鼠标右击
driver.refresh()	页面刷新	ActionChains(driver).drag_and_drop().perform()	鼠标拖拽
driver.maximize_window()	页面窗口最大化	send_keys(Keys.BACK_SPACE)	删除键
driver.minimize_window()	页面窗口最小化	send_keys(Keys.SPACE)	空格键
driver.fullscreen_window()	页面全屏化	send_keys(Keys.ESCAPE)	回退键
driver.close()	关闭当前窗口	send_keys(Keys.ENTER)	回车键
driver.quit()	关闭所有窗口	send_keys(Keys.CONTROL,'[a,c,x,v]')	全选、复制、剪切、粘贴

2.4.3　Webdriver 定位元素

selenium 的 Webdriver 可以通过网页标签属性、路径、CSS 选择器等方式对网页内容进行定位，其中常见的标签元素定位方法如表 2-5 所示。

表 2-5　selenium 常见的标签元素定位方法

方法	功能
find_element[s]_by_id	根据 id 定位
find_element[s]_by_name	根据 name 属性定位
find_element[s]_by_class_name	根据 class 属性定位
find_element[s]_by_css_selector	利用 CSS 选择器定位
find_element[s]_by_xpath	利用 xpath 路径定位

本部分采用 CSS 选择器定位的方法，对目标网页每条招聘记录中的职位名称、公司名称、薪资及要求、工作地点等信息进行采集，并保存为文本文件，相关代码及结果如代码 2-8 所示。

代码 2-8

```
1    from selenium import webdriver
2    import time
3    driver = webdriver.Firefox()
```

```
4     driver.get("https://we.51job.com/pc/search?keyword = % E7 % 88 % AC % E8 % 99 % AB % E5 %
       BC % 80 % E5 % 8F % 91 % E5 % B7 % A5 % E7 % A8 % 8B % E5 % B8 % 88&searchType = 2&sortType =
       0&metro = ")
5     time.sleep(3)
6     title = driver.find_elements_by_css_selector('span[class = "jname at"]')
7     salary = driver.find_elements_by_css_selector('span[class = "sal"]')
8     loc_req = driver.find_elements_by_css_selector('span[class = "d at"]')
9     firm = driver.find_elements_by_css_selector('a[class = "cname at"]')
10    fw = open(r'D:\recruitment_info.txt','w',encoding = 'utf - 8')
11    for i in range(len(title)):
12        fw.write(firm[i].text + '\n')
13        fw.write(title[i].text + '\n')
14        fw.write(salary[i].text + '\n')
15        fw.write(loc_req[i].text + '\n\n')
16    fw.close()
17    driver.close()
```

结果

内蒙古钛驰新迪商务有限公司
爬虫开发工程师
8千-1.5万·13薪
北京·朝阳区|1年|大专

数字金服（广东）科技服务有限公司
Python爬虫开发工程师
6千-1.1万
广州·海珠区|2年|大专

光谷动力（北京）科技有限公司
Java爬虫开发工程师
9千-1.5万
呼和浩特|2年|大专

广州市路望皮具制品有限公司
爬虫开发工程师
1万-1.5万
广州·番禺区|2年|大专

由于招聘信息以多页方式呈现，并且网页地址也难以找到规律，因此通过构造网页地址的方式实现翻页功能存在一定的困难。如图 2-6 所示，进一步观察页面特点可以发现，存在固定图标可以实现依次翻页的功能，当无法翻页时，该图标对应标签会拥有 disable 属性，由此可以通过模拟单击的方式实现自动化翻页，以 disable 属性作为翻页终止的条件，相关代码如代码 2-9 所示。

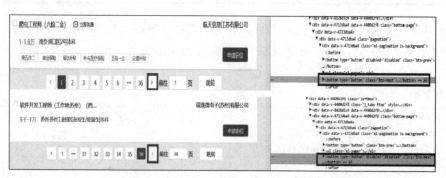

图 2-6　网页翻页控件元素属性变化

代码 2-9

```
1   from selenium import webdriver
2   import time
3   driver = webdriver.Firefox()
4   driver.get("https://we.51job.com/pc/search?keyword = % E7 % 88 % AC % E8 % 99 % AB % E5 % BC % 80 % E5 % 8F % 91 % E5 % B7 % A5 % E7 % A8 % 8B % E5 % B8 % 88&searchType = 2&sortType = 0&metro = ")
5   time.sleep(3)
6   while True:
7       temp = driver.find_element_by_css_selector('button[class = "btn-next"]')
8       if temp.get_attribute('disable') == 'disable':
9           break
10      else:
11          next = driver.find_element_by_class_name('btn-next')
12          next.click()
13          time.sleep(3)
14  driver.close()
```

2.5 高性能数据采集

2.5.1 单线程、多线程与多进程网络爬虫

前文讲述的 Web 数据采集可以理解为针对一系列网页的串行数据抓取方法，相应所使用的网络爬虫可以称为单线程爬虫，其特点是代码相对简单、数据采集效率一般。对于当前主流的计算机而言，均拥有多核 CPU（中央处理器），完全可以通过调度算法实现多个计算任务同时执行，进而产生多线程与多进程的概念。针对操作系统，一个进程表示一个处理任务；一个进程内部又可以存在多个子任务，这些子任务称为线程。

图 2-7 绘制了上述三种网络爬虫工作的一般过程。从图 2-7 中可以看出，单线程爬虫必须等待上一个任务执行完毕后才能执行下一个任务，在 Python 代码中，默认都是单线程执行程序的方式。多线程爬虫在一个时间段里执行多个任务，通常针对单个 CPU 而言。虽然单个 CPU 在一个时间点上只能执行一个任务，但是如果执行任务的过程中有 CPU 空闲环节，此时可以进行下一个任务的操作，从而提高效率。多进程爬虫同样在一个时间段里执行多个任务，通常针对多个 CPU 而言，相应可以同时执行多个任务，实现数据采集效率的

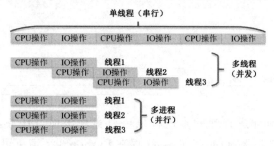

图 2-7　单线程、多线程和多进程工作过程示意图

提升。

2.5.2 基于进程池的数据采集

针对当前计算机均使用多核CPU,本节以抓取《海国春秋》章回内容项目为例,利用进程池(multiprocessing 中的 Pool 模块)构造多进程爬虫完成数据采集任务,相关代码如代码 2-10 所示。在多进程爬虫构造过程中,进程池的进程数量需要根据计算机内核数量进行测试,以实现效率优化。

代码 2-10

```
1   from multiprocessing import Pool
2   from bs4 import BeautifulSoup as bs
3   import requests as rq
4   def spider(index,url):
5       headers = {'Cookie': 'Hm_lvt_d3ed6b57db0a20f3622df58e9de0452c = 1693887144;Hm_lpvt
            _d3ed6b57db0a20f3622df58e9de0452c = 1693899429 ', 'User - Agent ': 'Mozilla/5.0
            (Windows NT 10.0; WOW64) AppleWebKit/537.36 (KHTML, like Gecko) Chrome/65.0.3325.
            181 Safari/537.36'}
6       response = rq.get(url,headers = headers)
7       response.encoding = 'utf - 8'
8       soup = bs(response.text,'lxml')
9       fw = open(r'D:\海国春秋\{}.txt'.format(index),'w',encoding = 'utf - 8')
10      fw.write(soup.select('h1')[0].get_text() + '\n\n')
11      text = soup.select('p')
12      for t in text:
13          fw.write(t.get_text() + '\n\n')
14  if __name__ == '__main__':
15      chapters = ['http://www.gudianmingzhu.com/guji/haiguochunqiu/224{}.html'.format
                (i) for i in range(14,54)]
16      p = Pool(4)
17      for i in range(len(chapters)):
18          p.apply_async(spider,args = (i,chapters[i]))
19      p.close()
20      p.join()
```

结果

此外,运用多线程和非进程池的多进程也可以实现该项目任务,但是由于 GIL(global interpreter lock,全局解释器锁)的存在,多线程在 Python 3 环境下可能形同摆设,对应的解释器执行任务的时候仅仅是顺序执行。相对于非进程池的多进程而言,使用进程池可以提

高程序执行的效率,节省开辟进程、内存空间及销毁进程的时间;进程之间不相互影响,创建方便;进程占用空间独立,数据安全。其不足之处是进程创建和销毁占用的系统资源相对较多。

 思考题

1. 简述爬虫采集静态网页数据的一般流程。
2. 简述利用网页测试工具 selenium 进行数据采集的优缺点。
3. 比较单线程爬虫与多进程爬虫的区别。

即测即练

第 3 章

数据预处理与建模分析

数据预处理与建模分析是数据分析的核心过程。其中,数据预处理占据了整个数据分析的大部分工作量,是数据分析的重要基础。数据建模分析是对问题的解答,是数据分析工作的亮点。本章首先介绍数据预处理的一般过程和常用方法;在处理好的数据基础上,对数据的描述性统计分析有助于分析人员对数据的初步认知;探索性分析是对数据及数据之间关系的进一步分析;最后需要针对具体的分析问题采用不同的机器学习模型进行数据分析。

本章学习目标
(1) 掌握数据预处理的一般过程和常用方法;
(2) 掌握各类描述性统计分析的作用和常用方法;
(3) 掌握各类探索性分析的作用和常用方法;
(4) 掌握各类机器学习方法的作用、过程和常用模型。

3.1 数据预处理

在进行数据分析与可视化之前,海量的原始数据中通常会存在大量不完整、不一致、有异常的数据,严重影响数据分析与可视化的结果,因此进行数据预处理尤为重要。数据预处理是数据可视化与数据价值实现中最为关键的步骤之一,一方面能够提高数据的质量,另一方面能够让数据更好地适应特定的数据分析工具。数据预处理的工作量占到了整个过程的60%左右。数据预处理主要包括数据清洗、数据集成、数据转换和数据规约等步骤。

3.1.1 数据清洗

数据清洗之前首先要对数据的质量进行分析。这是数据挖掘分析结论有效性和准确性的基础,其主要任务是检查原始数据中是否存在脏数据。数据清洗主要是:删除原始数据集中的无关数据、重复数据,平滑噪声数据,处理缺失值、异常值等。

1. 缺失值处理

缺失值产生的原因是多方面的,如有些信息暂时无法获取,或者获取信息的代价太大。

也有些信息可能是因为输入时认为不重要、忘记填写或对数据理解错误等一些人为因素而遗漏,也可能是由于数据采集设备的故障、存储介质的故障、传输媒体的故障等机械原因而丢失。或者某些属性值在某些情况下是不存在的,缺失值并不意味着数据有错误,对一些对象来说属性值是不存在的,如一个未婚者的配偶姓名、一个儿童的固定收入状况等。

缺失值的存在可能会导致数据挖掘建模丢失大量的有用信息,数据挖掘模型所表现出的不确定性更加显著,模型中蕴含的确定性成分更难把握,包含空值的数据会使挖掘建模过程陷入混乱,导致不可靠的输出。

对缺失值的统计分析包括统计缺失值的变量个数及统计每个变量的未缺失数、缺失数及缺失率等。对缺失值常用的处理方法包括估算插值和删除。

(1) 估算插值:最简单的办法就是用某个变量的样本均值、中位数或众数代替缺失值。这种方法直接、简单,但没有充分考虑数据中已有的信息,误差可能较大。另一种方式是根据调查对象对其他问题的答案,通过变量之间的相关分析或逻辑推论进行估计。

(2) 删除:包括整例删除、变量删除和成对删除。整例删除是指剔除含有缺失值的样本,这种做法可能导致有效样本量减少,无法充分利用已经收集到的数据,因此,整例删除只适合关键变量缺失,或者含有异常值或缺失值的样本比重很小的情况;变量删除是指如果某一变量的缺失值很多,且该变量对于所研究的问题不是特别重要,则可以考虑将该变量删除;成对删除是指用一个特殊码代表缺失值,同时保留数据集中的全部变量和样本,但在具体计算时只采用有完整答案的样本。

2. 异常值处理

异常值是指根据每个变量的合理取值范围和相互关系,超出正常范围、逻辑上不合理或者相互矛盾的数据。

异常值分析方法主要有简单统计量分析、3σ 原则、箱形图分析等。简单统计量分析是指进行描述性统计,查看哪些数据是不合理的,如统计变量的最大值和最小值,判断这个变量中的数据是不是超出了合理的范围,如身高的最大值为 5 米,则该变量的数据存在异常。如果数据服从正态分布,在 3σ 原则下,异常值被定义为一组测定值中与平均值的偏差超过 3 倍标准差的值,在正态分布的假设下,距离平均值 3σ 之外的值出现的概率为 $p(|x-\mu|>3\sigma) \leqslant 0.003$,属于极个别的小概率事件。箱形图依据实际数据绘制,不需要事先假定数据服从特定的分布形式,没有对数据做任何限制性要求,它只是真实、直观地表现数据分布的本来面貌;另外,箱形图判断异常值的标准以四分位数和四分位距为基础,四分位数具有一定的鲁棒性:多达 25% 的数据可以变得任意远而不会很大地扰动四分位数,所以异常值不能对这个标准施加影响,箱形图识别异常值的结果比较客观。由此可见,箱形图在识别异常值方面有一定的优越性。

异常值处理常用方法包括删除含有异常值的记录、将异常值视为缺失值、以平均值修正异常值,以及不处理异常值。在数据预处理时,异常值是否剔除,需视具体情况而定,因为有些异常值可能蕴含有用的信息。

3. 数据类型转换

数据类型往往会影响后续的数据分析环节,因此,需要明确每个字段的数据类型。例如,来自 A 表的"出生日期"是字符型,而来自 B 表的该字段是日期型,在数据清洗的时候需要对二者的数据类型进行统一处理。

4. 重复值处理

重复值的存在会影响数据分析与可视化结果的准确性,所以,在数据分析和建模之前需要进行数据重复性检验,如果存在重复值,需要进行重复数据或记录的删除。

3.1.2 数据集成

数据集成是指将来自多个数据源的数据结合在一起,形成统一的数据集,为顺利完成数据处理工作提供完整的数据基础。在数据集成过程中,需要考虑解决以下几个问题。

(1) 模式集成。使来自多个数据源的现实世界的实体相互匹配,其中包含实体识别问题。例如,如何确定一个数据库中的"user id"与另一个数据库中的"用户名"是否表示同一实体。

(2) 冗余。若一个属性可以从其他属性中推算出来,那么这个属性就是冗余属性。例如,一个学生数据表中的平均成绩属性就是冗余属性。此外,属性命名的不一致也会导致集成后的数据集出现数据冗余问题。

(3) 数据值冲突检测与消除。在现实世界中,来自不同数据源的同一属性的值或许不同。产生这种问题的原因可能是比例尺度或编码的差异等。例如,重量属性在一个系统中采用公制,而在另一个系统中却采用英制。其也可能是由于数据来自不同的数据源、重复存放的数据未能进行一致性的更新造成的,如两张表中都存储了用户的地址,在用户的地址发生改变时,如果只更新了一张表中的数据,那么这两张表中就有了不一致的数据。

3.1.3 数据转换

数据转换是将数据进行转换或者归并,从而构成适合数据处理和分析的形式,常见的数据转换策略包括以下几个。

(1) 平滑处理。帮助除去数据中的噪声,常用的方法包括分箱、回归和聚类(clustering)等。

(2) 聚集处理。对数据进行汇总操作。例如,对每天的数据进行汇总操作可以获得每月或每年的总额。聚集处理常用于构造数据立方体或对数据进行多粒度的分析。

(3) 数据泛化处理。用更抽象(更高层次)的概念来取代低层次的数据对象。例如,年龄属性可以映射到更高层次的概念,如青年、中年和老年。

(4) 标准化处理(归一化)。将属性值按比例缩放,常用的规范化处理方法包括 Min-Max 规范化、Z-Score 规范化和小数定标规范化等。

(5) 属性构造处理。根据已有属性集构造新的属性,后续数据处理直接使用新增的属性。例如,根据已知的长方形的长和宽,计算出新的属性——面积。

(6) 连续属性离散化处理。一些分类算法(如 ID3、Apriori 算法)要求数据是分类属性形式。这样,常常需要将连续属性变换成分类属性,即连续属性离散化。连续属性变换成分类属性涉及两个子任务:决定需要多少个分类变量,确定如何将连续属性值映射到这些分类值。常用的离散化方法有等宽法、等频法、基于聚类分析的方法。

3.1.4 数据规约

数据规约是对海量数据进行规约,规约之后的数据仍接近于保持原数据的完整性,但数据量小得多。通过数据规约,可以降低无效、错误数据对建模的影响,提高建模的准确性,少量且具代表性的数据将大幅缩短数据挖掘所需的时间,降低储存数据的成本。数据规约常用方法有合并属性、逐步向前选择、逐步向后删除、决策树规约、主成分分析(principal component analysis,PCA)等。

数值规约通过选择替代的、较小的数据来减少数据量。数值规约可以是有参的,也可以是无参的。有参方法是使用一个模型来评估数据,只需存放参数,而不需要存放实际数据。有参的数值规约技术主要有两种:回归(线性回归和多元回归)和对数线性模型(近似离散属性集中的多维概率分布)。数值规约常用方法有直方图、用聚类数据表示实际数据、抽样(采样)、参数回归法。

3.2 描述性统计分析

数据可以分为数量数据和属性数据。数量数据是指能够进行加、减、乘、除等数值和算术运算的数据,如成绩、销量等;属性数据是不能进行算术运算的数据,如性别、区域等。不同的数据类型或不同数量的变量及其不同组合,应该使用不同的描述统计方法。

3.2.1 单变量的描述统计

1. 数据的分布

(1) 属性数据的分布。属性数据的分布主要使用频率分布或百分比分布来描述。频率分布反映了各个不重叠组观察值出现的次数(频数)。百分比分布是指每个组别及其对应观察值出现次数的百分比。

(2) 数量数据的频率分布。对数量性质的数据,要编制频数分布,首先需要规定分组的组别,而后统计每个组别范围内观察值出现的次数。为了确定数量资料组别,首先要确定分多少组,然后确定组距,最后确定组限。

(3) 直方图。直方图是描述分析数量数据最常用的工具。在直方图中,相关变量用横轴表示,汇总或计算出来的频数(绝对频数、相对频数或者百分比频数)用纵轴表示。每个组别的频数由横轴的组距与纵轴相应组别的频数组成的长方形代表,便可以绘制出直方图。直方图最重要的作用之一是给出了分布形状或状态的信息。

(4) 累积分布。累积分布是另外一种形式的频数分布,它显示了小于等于某个组上限的观察值出现的数目。累积分布采用了相同的分组、组距和组限,可以用来说明数量数据分布的变化。

2. 位置测度

(1) 算术平均。变量的平均数(算术平均)是位置测度中使用最为频繁的指标。

(2) 中位数。按升序排列的观察值中居于中间位置的值。对于奇数数目的观察值,中间位置的那个观察值就是中位数。对于偶数数目的观察值,中间位置的两个观察值的简单平均作为中位数。

(3) 众数。一组观察值中出现最频繁的那个数值。

(4) 几何平均。n 个观察值连乘积的 n 次方。

3. 变异性测量

(1) 极差。极差是指一组观察值中最大值与最小值的差。极差只依赖最大值和最小值这两个数值,受到最大值和最小值的高度影响。

(2) 方差。先计算每个观察值与它们的均值的离差,所有离差的平方的均值即为方差。这是运用所有观察值测量变异的一种方法。

(3) 标准差。标准差是方差的正平方根。

(4) 变异系数。变异系数是标准差与均值的比值,一般用百分比表示。变异系数用来比较具有不同标准差和均值的观察值之间的相对差异。

4. 分布分析

(1) 百分位数。百分位数是指低于某个观察值的观察值数目占全部观察值的百分比。p 个百分位数是指将近有 $p\%$ 的观察值小于等于第 p 个百分位数,有 $(100-p)\%$ 的观察值大于第 p 个百分位数。

(2) 四分位数。把观察值划分为四个部分,每个部分包含 1/4 的观察值,位于分割点处的观察值称为四分位数。

(3) z-值。z-值是指某个观察值偏离平均值几个标准差。它用于衡量某个观察值在一组观察值中的相对位置。当数据服从正态分布时,将近 68% 的观察值位于均值附近一个标准差范围内,将近 95% 的观察值位于均值附近两个标准差范围内,几乎所有的观察值都位于均值附近三个标准差范围内。因此,可以将正态分布中 z-值小于 -3 或大于 $+3$ 的观察值判断为异常值。

3.2.2 双变量的描述统计

1. 两个数量数据的描述统计

(1) 散点图。散点图分别以两个变量的值为"坐标",标识出所有的观察值,这是分析两个数量变量之间相关关系的一种非常有用的统计图形。

(2) 协方差。对于 n 对观察样本 $(x_1, y_1), (x_2, y_2), \cdots, (x_n, y_n)$,其样本协方差 $s_{xy} = \dfrac{\sum(x_i - \bar{x})(y_i - \bar{y})}{n-1}$,总体协方差:$\sigma_{xy} = \dfrac{\sum(x_i - \mu_x)(y_i - \mu_y)}{N}$,协方差用来反映两个变量之间的线性相关关系。

(3) 相关系数。相关系数是分析两个变量之间的相关关系的测度,与协方差不同的是,变量间的关系不受变量 x 和变量 y 计量单位的影响。对于样本数据,相关系数的计算公式为:$r_{xy} = \dfrac{s_{xy}}{s_x s_y}$,其中,$s_{xy}$ 为两个变量的协方差,s_x 和 s_y 分别是两个变量的标准差。相关系

数 r 是介于 $[-1,1]$ 之间的数，$r<0$，表示两个变量负相关；$r>0$，表示两个变量正相关；r 接近 0，表示两个变量不相关。

2. 一个属性数据和一个数量数据的描述统计

（1）柱状图。柱状图的每根柱子表示属性数据的一种取值，其高度表示对应数量数据的值。

（2）列联表。列联表是观测数据按两个或更多属性分类时所列出的频数表，是由两个以上的变量进行交叉分类的频数分布表。用列联表描述一个属性数据和一个数量数据时，一个维度为属性数据的不同类别，另一个维度是数量数据的各取值区间，数据区域为观测数（频数）。最右侧是每一行的总计，最底部的行是每列的总计。

3. 两个属性数据的描述统计

可以用列联表描述两个属性数据。这时列联表的两个维度是两个属性的不同类别。

3.2.3 多变量的描述统计

针对多变量，一般用可视化的方式对其进行描述。在双变量的可视化描述的图表基础上，再加上一个可视化的维度。例如，可以用三维图形来描述表示三个变量的数据；也可以在柱状图上再加上一个系列的柱子，这样就可以描述两个属性数据和一个数量数据。再如，在散点图的基础上，以散点的面积代表第三个维度，这样就可以描述三个数量数据；或者以不同的颜色（或形状）标识散点，这样就可以描述两个数量数据和一个属性数据（图 3-1）；或者在散点图基础上，同时用不同颜色和不同大小标识散点，这样就可以描述三个数量数据和一个属性数据。

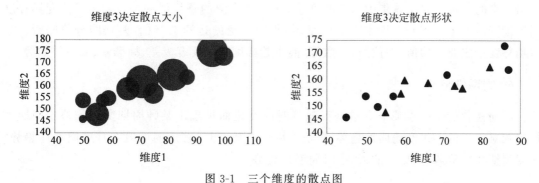

图 3-1 三个维度的散点图

3.3 探索性分析

数据探索性分析是通过检验数据集的数据质量、绘制图表、计算某些特征量等手段，对样本数据集的结构和规律进行分析的过程。数据探索有助于选择合适的数据预处理和建模方法,甚至可以完成一些通常由数据挖掘解决的问题。一般可通过绘制图表、计算某些特征量等手段进行数据探索性分析。探索性分析主要包括分布分析、对比分析、统计量分析、周期性分析、贡献度分析、相关性分析等。

1. 分布分析

分布分析能揭示数据的分布特征和分布类型,便于发现某些特大或特小的可疑值。对于定量数据,欲了解其分布形式是对称的还是非对称的,可做出频率分布表、绘制频率分布直方图、绘制茎叶图进行直观的分析;对于定性分类数据,可用饼图和条形图直观地显示分布情况。

2. 对比分析

对比分析是指对两个相互联系的指标数据进行比较,从数量上展示和说明研究对象规模的大小、水平的高低、速度的快慢,以及各种关系是否协调。其特别适用于指标间的横纵向比较、时间序列的比较分析。在对比分析中,选择合适的对比标准是十分关键的步骤,对比标准选择得合适,才能作出客观的评价;选择不合适,评价可能得出错误的结论。

对比分析主要有绝对数比较和相对数比较两种形式。前者是利用绝对数进行对比,从而寻找差异的一种方法。后者是由两个有联系的指标对比计算的,用以反映客观现象之间数量联系程度的综合指标,其数值表现为相对数。由于分析目的和对比基础不同,相对数可以分为结构相对数、比例相对数、比较相对数、强度相对数、计划完成程度相对数和动态相对数等。

3. 统计量分析

用统计指标对定量数据进行统计描述,常从集中趋势和离中趋势两个方面进行分析。平均水平的指标是对个体集中趋势的度量,使用最广泛的是均值和中位数;反映变异程度的指标则是对个体离开平均水平的度量,使用较广泛的是标准差(方差)、四分位间距。集中趋势度量主要有均值、中位数、众数等,离中趋势度量主要有极差、标准差、变异系数等。

4. 周期性分析

周期性分析是探索某个变量是否随着时间变化而呈现出某种周期变化趋势。周期性趋势相对较长的有年度周期性趋势、季节性周期趋势,相对较短的一般有月度周期性趋势、周度周期性趋势,甚至更短的天、小时周期性趋势。

5. 贡献度分析

贡献度分析又称帕累托分析,帕累托法则又称20/80定律。同样的投入放在不同的地方会产生不同的效益。比如对一个公司来讲,80%的利润常常来自20%最畅销的产品;而其他80%的产品只产生了20%的利润。贡献度分析要求我们抓住问题的重点,找到那最有效的20%的热销产品、渠道或者销售人员,在最有效的20%上投入更多资源,尽量减少浪费在80%低效的地方。

6. 相关性分析

分析连续变量之间线性的相关程度的强弱,并用适当的统计指标表示出来的过程称为相关性分析。相关性分析方法主要有直接绘制散点图、绘制散点图矩阵、计算相关系数等。

3.4 机器学习基础

机器学习是一门多领域交叉学科,涉及概率论、统计学、逼近论、凸分析、算法复杂度理论等多门学科,专门研究计算机怎样模拟或实现人类的学习行为,以获取新知识或技能,重新组织已有的知识结构使之不断改善自身的性能。机器学习可以分为无监督学习、有监督学习、半监督学习(semi-supervised learning)、强化学习(reinforcement learning)等。有监督学习和无监督学习的最大区别在于数据是否有标签。

3.4.1 无监督学习

无监督学习是指利用无标签的数据学习数据的分布或数据与数据之间的关系。无监督学习最常应用的场景是聚类和降维(dimension reduction)。

1. 聚类

聚类是根据数据的相似性将数据分为多类的过程。通常,通过计算两个样本之间的"距离"来评估它们的"相似性"。使用不同的方法计算样本间的距离会关系到聚类结果的好坏。计算两个样本之间的距离可以使用欧氏距离、曼哈顿距离、马氏距离和余弦相似度等。欧氏距离是最常用的一种距离度量方法,源于欧氏空间中两点的距离;曼哈顿距离类似于在城市之中驾车行驶,从一个十字路口到另外一个十字路口的距离;马氏距离表示数据的协方差距离,是一种尺度无关的度量方式,即先将样本点的各个属性标准化,再计算样本间的距离;余弦相似度用向量空间中两个向量夹角的余弦值衡量两个样本差异的大小,余弦值越接近1,说明两个向量夹角越接近0度,表明两个向量越相似。聚类主要有以下算法。

1) k-means 算法

k-means 算法以 k 为参数,把 n 个对象分成 k 个簇,使簇内具有较高的相似度,而簇间的相似度较低。其具体算法过程如下:①随机选择 k 个点作为初始的聚类中心;②对于剩下的点,根据其与聚类中心的距离,将其归入最近的簇;③对每个簇,计算所有点的均值作为新的聚类中心;④重复②和③两步,直至聚类中心不再发生改变。

2) DBSCAN 算法

DBSCAN 算法是一种基于密度的聚类算法,其特点是聚类的时候不需要预先指定簇的个数,而且最终的簇的个数也不确定。DBSCAN 算法设有两个参数 Eps 和 MinPts,用这两个参数将数据样本表示的点分为三类:核心点、边界点和噪声点。核心点是指在半径 Eps 内含有超过 MinPts 数目的点;边界点是指在半径 Eps 内点的数量小于 MinPts,但其自身是在核心点的邻域内的点;噪声点是指既不是核心点也不是边界点的点。具体而言,DBSCAN算法流程如下:①将所有点标记为核心点、边界点或噪声点;②删除噪声点;③将距离在 Eps 之内的所有核心点两两相连;④每组连通的核心点形成一个簇;⑤将每个边界点指派到一个与之关联的核心点的簇中(看其在哪一个核心点的半径范围之内)。

2. 降维

降维就是在保证数据所具有的代表性特性或者分布的情况下,将高维数据转化为低维数据的过程。降维主要有以下算法。

1) 主成分分析

主成分分析是最常用的一种降维方法,通常用于高维数据集的探索与可视化,还可以用于数据压缩和预处理等。PCA 可以把具有相关性的高维变量合成为线性无关的低维变量,称为主成分。主成分要能够尽可能保留原始数据的信息。其原理是:矩阵的主成分就是其协方差矩阵对应的特征向量,按照对应的特征值大小进行排序,最大的特征值就是第一主成分,其次是第二主成分,以此类推。假设输入的样本集记为 $D=\{x_1,x_2,\cdots,x_m\}$,要求降维之后的低维空间维度为 d',PCA 算法的具体过程如下:①对所有样本进行中心化,$x_i \leftarrow x_i - \frac{1}{m}\sum_{i=1}^{m}x_i$;②计算样本的协方差矩阵 XX^T;③对协方差矩阵 XX^T 做特征值分解,取最大的 d' 个特征值所对应的特征向量 $\omega_1,\omega_2,\cdots,\omega_{d'}$。投影矩阵 $W=(\omega_1,\omega_2,\cdots,\omega_{d'})$ 即为主成分。

2) 非负矩阵分解

非负矩阵分解(non-negative matrix factorization,NMF)是在矩阵中所有元素均为非负数约束条件之下的矩阵分解方法。其基本思想是:给定一个非负矩阵 V,NMF 能够找到一个非负矩阵 W 和一个非负矩阵 H,使得矩阵 W 和 H 的乘积近似等于矩阵 V 中的值,即 $V_{n \cdot m} = W_{n \cdot k} \cdot H_{k \cdot m}$。$W$ 矩阵是基础图像矩阵,相当于从原矩阵 V 中抽取出来的特征。H 矩阵是系数矩阵。NMF 能够广泛应用于图像分析、文本挖掘和语音处理等领域。

矩阵分解优化目标:最小化 W 矩阵、H 矩阵的乘积和原始矩阵之间的差别,目标函数如下:

$$\arg\min \frac{1}{2} \| X - WH \|^2 = \frac{1}{2} \sum_{i,j}(X_{ij} - WH_{ij})^2$$

基于 KL 散度的优化目标,损失函数如下:

$$\arg\min J(W,H) = \sum_{i,j}\left(X_{ij}\ln\frac{X_{ij}}{WH_{ij}} - X_{ij} + WH_{ij}\right)$$

3.4.2 有监督学习

利用一组带有标签的数据,学习从输入到输出的映射,然后将这种映射关系应用到未知数据上,达到分类或回归的目的。分类的输出是离散的,回归的输出是连续的。

1. 分类

将一组有标签的训练数据(也称观察和评估)作为输入,标签表明了这些数据(观察)的所属类别。分类模型根据这些训练数据,训练自己的模型参数,学习得到一个适合这组数据的分类器,当有新数据(非训练数据)需要进行类别判断时,就可以将这组新数据作为输入送给学好的分类器进行判断。

在有监督学习过程中,可以将学习数据分成训练集(training set)和测试集(testing set)。训练集是用来训练模型的已标注数据,用来建立模型,发现规律。测试集也是已标注数据,通常做法是将标注隐藏,输送给训练好的模型,通过将结果与真实标注对比,评估模型的学习能力。训练集/测试集的划分一般是根据已有标注数据,随机选出一部分数据(如70%)作为训练数据,余下的作为测试数据,此外还有交叉验证法和自助法等用来评估分类模型。

评价分类的学习效果的指标包括精确率(或准确率)及召回率。精确率(或准确率)是针对预测结果而言的,以二分类为例,它表示的是预测为正的样本中有多少是真正的正样本。预测为正有两种可能:一种就是把正类预测为正类(TP);另一种就是把负类预测为正类(FP),精确率 $P=TP/(TP+FP)$。召回率是针对原来的样本而言的,它表示的是样本中的正例有多少被预测正确了。其也有两种可能:一种是把原来的正类预测成正类(TP);另一种就是把原来的正类预测为负类(FN),召回率$=TP/(TP+FN)$。

分类问题常用的算法包括 K 近邻(KNN)、决策树、朴素贝叶斯(Naive Bayes)、支持向量机、神经网络(neural networks)模型等。其中,有线性分类器,也有非线性分类器。

1) K 近邻

KNN算法中有一个参数 K(一般是奇数),算法计算待分类数据点与已有数据集中的所有数据点的距离,取出距离最小的前 K 个点,根据"少数服从多数"的原则,将待分类数据点划分到 K 个点中所属类别最多的那个类别。KNN算法中,K 是非常重要的参数。K 的取值如果较大,相当于使用较大邻域中的训练实例进行预测,可以减小估计误差,但是距离较远的样本也会对预测起作用,导致预测错误。相反地,如果 K 较小,相当于使用较小的邻域进行预测,如果邻居恰好是噪声点,会导致过拟合。一般情况下,K 会倾向选取较小的值,并使用交叉验证法选取最优 K 值。

2) 决策树

决策树是一个树结构,每个非叶节点表示一个特征属性在某个值域上的输出,每个叶节点存放一个类别。依据决策树的决策过程,首先从根节点开始测试待分类项中相应的特征属性,并按照其值选择输出分支,直至到达叶子节点,将叶子节点存放的类别作为决策结果。决策树本质上是寻找一种对特征空间的划分,旨在构建一个训练数据拟合得好并且复杂度小的决策树。

为了构建一棵决策树,首先要根据特征的信息增益(即对训练数据的分类能力)或其他指标来选择特征,信息增益是分类前的信息熵减去分类后的信息熵,信息熵表示随机变量的不确定性,熵越大,不确定性越大;其次,在决策树各个点上按照一定方法选择特征,递归构建决策树;最后,在已生成的树上减掉一些子树或者叶节点,从而简化分类树模型,这是因为生成的决策树能完全拟合训练集数据,但是对测试集不友好,泛化能力欠缺,减枝的目的是使模型泛化能力更强。其中,常用的核心算法包括 ID3、C4.5 及 CART 等。

3) 朴素贝叶斯

朴素贝叶斯分类器是一个以贝叶斯定理为基础的多分类的分类器。对于给定数据,首先基于特征的条件独立性假设,学习输入、输出的联合概率分布,然后基于此模型,对给定的输入 x,利用贝叶斯定理求出后验概率最大的输出 y。贝叶斯定理表示如下:

$$p(A\mid B)=\frac{p(B\mid A)\cdot p(A)}{p(B)}$$

朴素贝叶斯是典型的生成学习方法,由训练数据学习联合概率分布,并求得后验概率分布。这个算法逻辑简单,易于实现,分类过程中时空开销小。理论上,朴素贝叶斯模型与其他分类方法相比具有最小的误差率,但是实际上并非总是如此。这是因为朴素贝叶斯模型假设属性之间相互独立,这个假设在实际应用中往往是不成立的,在属性个数比较多或者属性之间相关性较大时,分类效果不好。

2. 回归

统计学分析数据的方法,目的在于了解两个或多个变量间是否相关、研究其相关方向与强度,并建立数学模型,以便通过观察特定变量来预测研究者感兴趣的变量。回归分析可以帮助人们了解在自变量变化时因变量的变化量。一般来说,通过回归分析,我们可以由给出的自变量估计因变量的条件期望。

1) 线性回归

线性回归是确定两种或两种以上变量间相互依赖的定量关系的一种统计分析方法。线性回归利用形如 $Y=\boldsymbol{W}^\mathrm{T}\boldsymbol{X}+b$ 的线性回归方程对一个或多个自变量(输入)和因变量(输出)之间的映射关系进行建模。这种函数是一个或多个称为回归系数的模型参数的线性组合。只有一个自变量的情况称为一元回归,自变量大于一个的情况叫作多元回归。

线性回归的用途可以分为以下两类:①如果目标是预测或者映射,线性回归可以用来对观测数据集的 y 和 X 的值拟合出一个预测模型。当完成这样一个模型以后,对于一个新增的 X 值,在没有给定与它相配对的 y 的情况下,可以用这个拟合过的模型预测出一个 y 值。②给定一个变量 y 和一些变量 $X_1,X_2,X_3,\cdots,X_p$。这些变量有可能与 y 相关,线性回归分析可以用来量化 y 与 X_j 之间相关性的强度,评估出与 y 不相关的 X_j,并识别出哪些 X_j 的子集包含关于 y 的冗余信息。

2) 多项式回归

多项式回归(polynomial regression)是研究一个因变量与一个或多个自变量间多项式的回归分析方法。如果自变量只有一个,称为一元多项式回归;如果自变量有多个,称为多元多项式回归。在一元回归分析中,如果因变量 y 与自变量 x 的关系为非线性,但是又找不到适当的函数曲线来拟合,则可以采用一元多项式回归。多项式回归的最大优点就是可以通过增加 x 的高次项对实测点进行逼近,直至满意。事实上,多项式回归可以处理多类非线性问题,它在回归分析中占有重要的地位,因为任一函数都可以用分段多项式来逼近。

3) 逻辑回归

逻辑回归是一种广义线性回归,与多重线性回归分析有很多相同之处。它们的模型形式基本上相同,都具有 $\boldsymbol{W}^\mathrm{T}X+b$,其中 $\boldsymbol{W}^\mathrm{T}$ 和 b 是待求参数,其区别在于它们的因变量不同,多重线性回归直接将 $\boldsymbol{W}^\mathrm{T}X+b$ 作为因变量,即 $Y=\boldsymbol{W}^\mathrm{T}X+b$,而逻辑回归则通过函数 L 对应一个隐状态 p,即 $p=L(\boldsymbol{W}^\mathrm{T}X+b)$,然后根据 p 与 $1-p$ 的大小决定因变量的值。如果 L 是逻辑函数,就是逻辑回归;如果 L 是多项式函数,就是多项式回归。逻辑回归的因变量可以是二分类的,也可以是多分类的,实际中最为常用的就是二分类的逻辑回归。

3.4.3 其他学习方式

1. 半监督学习

半监督学习是结合少量标注训练数据和大量未标注数据来进行数据的分类学习。其基本思想是利用数据分布上的模型假设建立学习器对未标签样例进行标签。如何综合利用已标签样例和未标签样例,是半监督学习需要解决的问题。

半监督学习中有三个常用的基本假设来建立预测样例和学习目标之间的关系:①平滑假设,位于稠密数据区域的两个距离很近的样例的类标签相似,也就是说,当两个样例被稠密数据区域中的边连接时,它们在很大的概率下有相同的类标签;②聚类假设,当两个样例位于同一聚类簇时,它们在很大的概率下有相同的类标签;③流形假设,将高维数据嵌入低维流形中,当两个样例位于低维流形中的一个小局部邻域内时,它们具有相似的类标签。

2. 强化学习

强化学习是智能体(agent)以"试错"的方式进行学习,通过与环境进行交互获得的奖赏指导行为,目标是使智能体获得最大的奖赏,强化学习不同于连接主义学习中的监督学习,主要表现在强化信号上。强化信号是对产生动作的好坏做一种评价,而不是告诉强化学习系统如何去产生正确的动作。由于外部环境提供的信息很少,强化学习系统必须靠自身的经历进行学习。通过这种方式,在行动—评价的环境中获得知识,改进行动方案以适应环境。

强化学习系统的目标是动态地调整参数,以达到强化信号最大。因为强化信号与智能体产生的动作没有明确的函数形式描述,所以梯度信息无法得到。因此,在强化学习系统中,需要某种随机单元。使用这种随机单元,智能体在可能动作空间中进行搜索并发现正确的动作。

3. 深度学习

深度学习的概念源于人工神经网络的研究,含多个隐藏层的多层感知器就是一种深度学习结构。深度学习通过组合低层特征形成更加抽象的高层表示属性类别或特征,以发现数据的分布式特征表示。研究深度学习的动机在于建立模拟人脑进行分析学习的神经网络,它模仿人脑的机制来解释数据,如图像、声音和文本等。

从一个输入中产生一个输出所涉及的计算可以通过一个流向图(flow graph)来表示。流向图是一种能够表示计算的图,在这种图中,每一个节点表示一个基本的计算以及一个计算的值,计算的结果被应用到这个节点的子节点的值。考虑这样一个计算集合,它可以被允许在每一个节点和可能的图结构中,并定义了一个函数族。这种流向图的一个特别属性是深度,即从一个输入到一个输出的最长路径的长度。

深度学习强调了模型结构的深度,通常有5层、6层甚至10多层的隐层节点,也明确了特征学习的重要性。其通过逐层特征变换,将样本在原空间的特征表示变换到一个新特征空间,从而使分类或预测更容易。与人工规则构造特征的方法相比,利用大数据来学习特征,更能够刻画数据丰富的内在信息。通过设计建立适量的神经元计算节点和多层运算层次结构,选择合适的输入层和输出层,通过网络的学习和调优,建立起从输入到输出的函数关系。

 思考题

1. 数据预处理包括哪些方面的工作?
2. 如何对数据进行描述性统计分析?
3. 可以从哪些方面对数据进行探索性分析?
4. 机器学习中常用的无监督学习和有监督学习可以用于解决什么类型的问题?

即测即练

第 4 章

数据可视化

数据可视化是利用图形化的方法,让复杂的数据变得更加容易理解,更加便于接收者决策。本章首先介绍数据可视化的相关目的、过程和工具,其次介绍结构化数据和非结构化数据可视化的不同方法,最后介绍数据可视化在聚类分析、关联分析和预测分析等分析过程中的应用。

本章学习目标

(1) 理解并熟悉数据可视化的相关目的、过程和工具;
(2) 掌握结构化数据和非结构化数据可视化的常用方法;
(3) 理解数据可视化在不同分析过程中的应用模式。

4.1 数据可视化概述

信息对接收者的价值受到很多因素的影响,除了数据本身的完整性、准确性和时效性等之外,数据的展现方式,也将影响信息传递的准确性和接收者的认知,比如人们常说的"一图胜千言",即图形能够让复杂的数据变得更加容易理解,更加便于接收者决策。特别是在大数据时代,迫切需要利用数据可视化,帮助决策者理解复杂数据背后隐藏的信息。

4.1.1 数据可视化目的

数据可视化就是使用图形表达数据的变化、联系或者趋势的方法,将数据转换为图形图像显示出来,其目的是清晰、有效地传达与沟通信息,让用户更好地理解和使用数据。具体而言,数据可视化的作用包括快速理解信息、识别关系和模式、证实假设或者猜想。

例如,表 4-1 所示四组数据中,x 值的均值都是 9.0,y 值的均值都是 7.5;x 值的方差都是 10.0,y 值的方差都是 3.75;它们的相关度都是 0.816,线性回归线都是 $y=3+0.5x$。单从这些统计数字来看,四组数据所反映出的实际情况非常相近。

表 4-1 Anscombe 的四重奏数据

I		II		III		IV	
x_1	y_1	x_2	y_2	x_3	y_3	x_4	y_4
10.0	8.04	10.0	9.14	10.0	7.46	8.0	6.58

续表

I		II		III		IV	
x_1	y_1	x_2	y_2	x_3	y_3	x_4	y_4
8.0	6.95	8.0	8.14	8.0	6.77	8.0	5.76
13.0	7.58	13.0	8.74	13.0	12.74	8.0	7.71
9.0	8.81	9.0	8.77	9.0	7.11	8.0	8.84
11.0	8.33	11.0	9.26	11.0	7.81	8.0	8.47
14.0	9.96	14.0	8.10	14.0	8.84	8.0	7.04
6.0	7.24	6.0	6.13	6.0	6.08	8.0	5.25
4.0	4.26	4.0	3.10	4.0	5.39	19.0	12.50
12.0	10.84	12.0	9.13	12.0	8.15	8.0	5.56
7.0	4.82	7.0	7.26	7.0	6.42	8.0	7.91
5.0	5.68	5.0	4.74	5.0	5.73	8.0	6.89

　　而事实上,这四组数据有着天壤之别。当我们分别绘制四组数据的散点图后,即可看出分布完全不同(图 4-1)。第一组是"正常"的符合线性关系的随机抽样的数据,第二组数据反映了一个精确的二次函数关系,第三组数据描述的是一个有异常值的线性关系,第四组数据的异常值导致了均值、方差、相关度、线性回归线等所有统计量全部发生偏差。

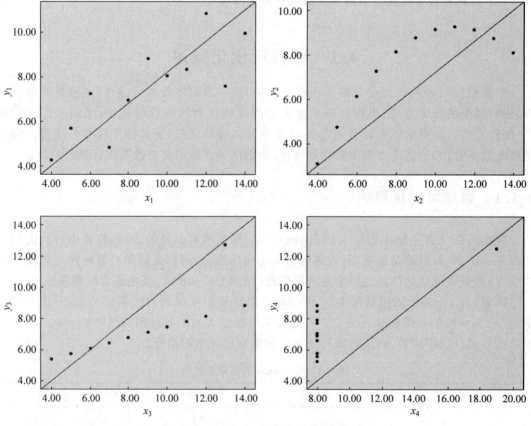

图 4-1　Anscombe 四重奏数据的可视化

数据之间以及数据描述的对象之间,往往存在隐含的关系或者难以直接观测的模式,数据可视化以图形方式可以挖掘出这些隐含的关系或者难以观测的模式,这些关系和模式将有助于个人和企业作出科学、合理的决策。例如:表 4-2 给出了一份不同年龄段和不同收入水平人群的脂肪含量的小范围调查结果,从中很难看出年龄、收入和脂肪含量之间的关系。而将表 4-2 作个简单的折线图,结果如图 4-2 所示,很容易发现在男性低收入组、男性高收入组和女性高收入组,随着年龄的增长,脂肪含量会下降;但是在女性低收入组,随着年龄的增长,脂肪含量却会增加。

表 4-2　不同年龄段和收入人群的脂肪含量　　克脂肪/1 000 克体重

收入	男性		女性	
	65 岁以下	65 岁及以上	65 岁以下	65 岁及以上
低收入	250	200	375	550
高收入	430	300	700	500

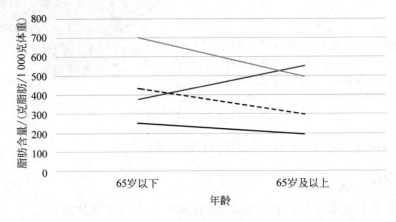

图 4-2　不同年龄段和收入人群的脂肪含量的折线图

数据可视化还能够帮助论证假设或者猜想。常常通过 A/B 测试的模式来验证假设,对分析问题过程中的推论进行验证假设,从而发现根本原因。南丁格尔发明的玫瑰图(Nightingale rose diagram)就是利用数据可视化证实假设的经典案例,她发展出一种色彩缤纷的图表形式,让数据更加让人印象深刻。如图 4-3 所示,这张图用以表达军医院季节性的死亡率。这张图是用来说明、比较战地医院伤患因各种原因死亡的人数,每块扇形代表着各个月份中的死亡人数,面积越大代表死亡人数越多。图 4-3 中最外侧区域的面积明显大于其他颜色的面积。这意味着大多数的伤亡并非直接来自战争,而是来自糟糕医疗环境下的感染。卫生委员到达后(1855 年 3 月),死亡人数明显下降,证实了南丁格尔提出的"改善医院的医疗状况可以显著地降低英军死亡率"的假设。

4.1.2　数据可视化过程

数据可视化是一个以数据流向为主线的完整流程,主要包括数据获取、数据处理、可视化映射等环节。一个完整的可视化过程,可以看成数据流经过一系列处理模块并得到转化

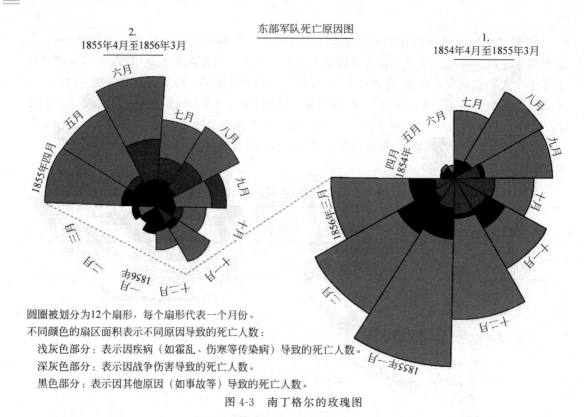

图 4-3 南丁格尔的玫瑰图

的过程,用户通过可视化结果获取信息,从而作出决策。

1. 数据获取

通常来说,数据获取的手段有实验测量、计算机仿真与网络数据传输等。传统的数据获取方式以文件输入/输出为主。在移动互联网时代,基于网络的多源数据交换占据主流。数据获取的挑战主要有数据格式变换和异构异质数据的获取协议两部分。数据的多样性导致不同的数据语义表述,这些差异来自不同的安全要求、不同的用户类型、不同的数据格式、不同的数据来源。

数据获取协议(data access protocol,DAP)作为一种通用的数据获取标准,在科研领域应用比较广泛。该协议通过定义基于网络的数据获取句法,以完善数据交换机制,维护、发展和提升数据获取效率。DAP4 提供了更多的数据类型和传输功能,以适用更广泛的环境,直接满足用户要求。OPeNDAP 是一个研发数据获取协议的组织,它提供了一个同名的科学数据联网的简要框架,以及允许以本地数据格式快速地获取任意格式远程数据的机制。协议中相关的系统要素包括客户端、浏览器界面、数据集成、服务器等。

除此之外,互联网上存在大量免费的数据资源,这些资源通常由网站进行维护,并开放专门的 API(应用程序接口)供用户访问。在法律法规及行业规定允许的条件下,可采用爬虫技术针对网络数据进行爬取,以满足数据分析、可视化的需求。

2. 数据处理

在原始数据中,常见的数据质量问题包括噪声和离群值、数值缺失、数值重复等。噪声指对真实数据的修改;离群值指与大多数数据偏离较大的数据;数值缺失是因为信息未被记录或某些属性不适用于所有实例；数值重复的主要来源是异构数据源的合并。非结构化数据通常存在低质量数据项（如从网页和传感器网络获取的数据），构成了数据清洗和数据可视化的新挑战。过滤掉这些无效数据的方法称为数据清洗。数据清洗最终需要达到的目标包括有效性、准确性、可信性、一致性、完整性和时效性六个方面。

在解决质量问题后，通常需要对数据集进行进一步的处理操作，以使其符合后续数据分析步骤要求。这一类操作通常被归为数据预处理步骤。常用的预处理操作有合并、采样、降维、特征子集选择、特征生成、离散化与二值化、属性变换等。由高维性带来的维度灾难、数据的稀疏性和特征的多尺度性是大数据时代中数据所特有的性质。直接对海量高维的数据集进行可视化通常会产生杂乱无章的结果，这种现象被称为视觉混乱。为了在有限的显示空间内表达比显示空间尺寸大得多的数据，我们需要进行数据精简。经典的数据精简包括统计分析、采样、直方图、聚类和降维，也可采用各类数据特征抽取方法，如奇异值分解、局部微分算子、离散小波变换等。

3. 可视化映射

可视化映射是指将处理后的数据信息映射成可视化元素的过程。可视化元素由三部分组成：可视化显示空间、标记和视觉通道。数据可视化显示空间，通常是二维的。三维物体的可视化，通过图形绘制技术，解决了在二维平面显示的问题，如3D环形图、3D地图等。标记是数据属性到可视化几何图形元素的映射，用来代表数据属性的归类。根据空间自由度的差别，标记可以分为点、线、面、体，分别具有零自由度、一维自由度、二维自由度、三维自由度。如我们常见的散点图、折线图、矩形树图、三维柱状图，分别采用了点、线、面、体这四种不同类型的标记。数据属性的值到标记的视觉呈现参数的映射，叫作视觉通道，通常用于展示数据属性的定量信息。常用的视觉通道包括标记的位置、大小（长度、面积、体积……）、形状（三角形、圆、立方体……）、方向、颜色（色调、饱和度、亮度、透明度……）等。标记和视觉通道是可视化编码元素的两个方面，两者的结合，可以完整地对数据信息进行可视化表达，从而完成可视化映射这一过程。

4.1.3 数据可视化工具

数据可视化工具分为可视化软件工具和可视化编程语言。前者是在第三方软件的基础上，通过所提供的工具及模板对导入的数据进行可视化。可视化编程语言是通过编程的方式实现可视化。

1. Excel

作为一个入门级工具，Excel 拥有强大的函数库，是快速分析数据的理想工具。初学者可以使用 Excel 制作各种基础可视化图形，包括条形图、饼图、气泡图、折线图、仪表盘图以及面积图等。图 4-4 为在 Excel 环境中可选用的图表类型。用户可以根据数据的类型和数据可视化的目的，选择合适的图表类型。

根据数据资料的用途、目的，以及想传递给读者的内容，选择要可视化的数据部分，也

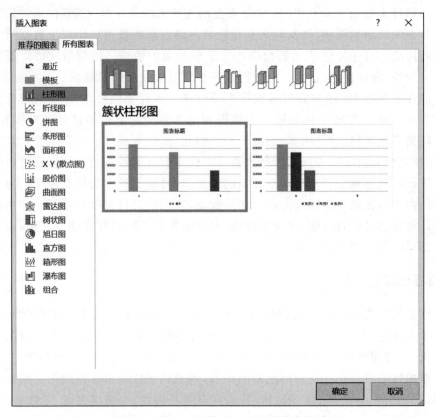

图 4-4　在 Excel 环境中可选用的图表类型

图 4-5　设置图形样式选项界面

可以将光标移动到数据区域的任意一个单元格，或者在后续的图表中重新选择设置数据。根据可视化的目的和数据类型等因素选择合适的图表类型，如折线图、柱形图和条形图、饼图、散点图、面积图等。生成图表之后，可以对生成的图表样式进一步修改，使图表的每一个细节尽量达到满足需求的程度。具体操作方式是，首先选择生成的图表，通过菜单的【图表工具】内的【设计】和【格式】功能更改图表的样式和格式，如图 4-5 所示。

2．Tableau

Tableau 是企业级的可视化工具。Tableau 分为 Desktop 版和 Server 版。Desktop 版又分为个人版和专业版，个人版只能连接到本地数据源，专业版还可以连接到服务器上的数据库；Server 版主要用来处理仪表盘，上传仪表盘数据，进行共享，各个用户通过访问同一个 Server 就可以查看其他同事处理的数据信息。使用 Tableau Desktop 进行可视化主要分为三个步骤：数据连接、数据可视化、分享数据见解。

1）数据连接

可视化需要基于准备好的数据，Tableau 支持连接本地数据文件、数据库数据和云端数据。常见的数据源包括：Excel、文本文件（包括.txt、.csv 等格式）、空间文件（如.shp 文件)、统计文件(R 或 SAS 等文件格式);SQL Server、Oracle、SAP HANA、MySQL、PostgreSQL、Hadoop Hive 等。打开 Tableau Desktop 软件,默认显示常见的文件列表。单击左下角的"数据源"或者左上角的"连接到数据",即可打开如图 4-6 所示界面,选择相应文件即可建立连接。

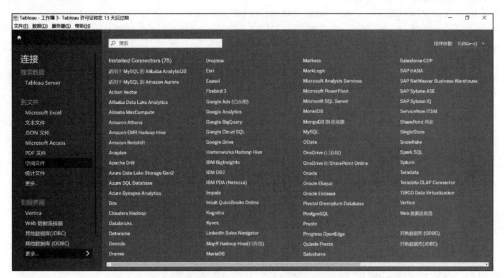

图 4-6　部分 Tableau 支持的数据源

数据连接成功之后,将需要可视化的表拖动至工作区,如图 4-7 所示。根据需要,自动或手动建立多个表之间的联系,这有助于数据可视化过程中的数据透视。

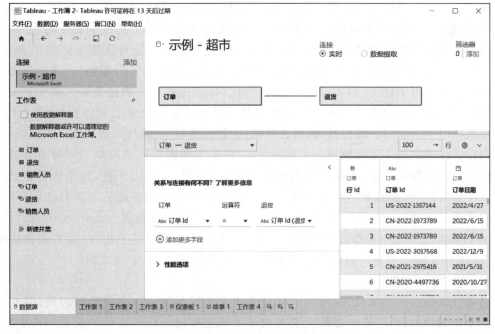

图 4-7　连接数据源并整理数据

2）数据可视化

建立数据连接之后就可以单击左下方的"工作表"开始可视化分析了（图4-8），这是Tableau Desktop的主要功能。后续的"仪表板"和"故事"功能都基于"工作表"。

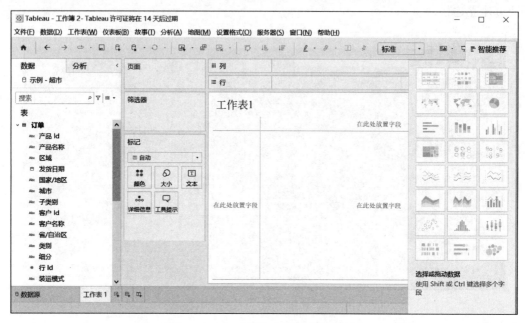

图4-8 Tableau可视化分析的初始界面

Tableau Desktop可视化功能很多，但是核心区域简单明了，且基本的核心步骤包括选择数据、生成图表、调整样式。数据中的每个字段（Tableau Desktop用"胶囊"代指字段）都具有维度/度量、连续/离散属性。维度决定层次，度量默认聚合；离散生成标题，连续生成坐标轴。度量字段前面都会有聚合方式，而连续字段和离散字段分别用不同颜色表示（如图4-9所示，"列"为绿色，"行"为蓝色，但由于印刷原因无法明显区分颜色）。每一种图表对使用何种胶囊给出了建议（图4-9右下角）。因此，每个可视化图表包含两个部分：决定在哪个层次上生成图表的维度和在这个层次上展示什么内容的度量。把左侧"数据"中的字段拖曳到相应"行"和"列"的位置，而后在右侧的"智能推荐"处选择合适的图表类型。

创建工作表实质上是从数据到信息的转换，但是工作表往往是对单一问题的数据可视化分析。而在实际场景中，大多是从多个方面对数据进行可视化分析，并且基于更复杂的场景。比如"每个省份的多年利润率增长趋势"和"每个省份的各商品类别利润额"等。为了表示多个层次之间的数据关系，Tableau Desktop中利用"仪表板"（dashboard）和"故事"（story）两种方式对单一工作表进行组合，以表达更丰富的信息。工作表、仪表板和故事构成了Tableau Desktop展示数据及其逻辑关系的主要形式。

3）分享数据见解

数据分析的目的是决策，决策往往依赖于更大范围的共识。在大数据时代，商业环境和数据变化同样迅速，经验丰富的决策者也必须依赖数据分析所提供的线索和指引，这就需要数据分析师不断完善分析模型，并将数据见解实时地共享给决策层。Tableau是一个数据可视化的分析平台，发布仪表板或者故事不是分析的结束，只是决策环节的开始。借

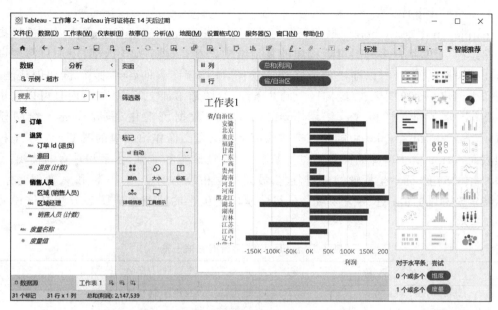

图 4-9　Tableau 的基本可视化操作

助 Tableau Server 的发布、订阅、通知、分享、评论功能，我们可以把 Tableau Desktop 的仪表板和故事，分享给更多的"数据消费者"——各级领导、业务主管、职能部门，甚至一线的员工。

3．Python

Python 由荷兰数学和计算机科学研究学会的吉多·范·罗苏姆（Guido van Rossum）于 20 世纪 90 年代初设计。Python 具有高效的高级数据结构，还能简单、有效地面向对象编程。基于 Python 的数据可视化是通过其扩展库来实现的。一般来讲，Python 可视化的实现以 numpy 库、pandas 库、matplotlib 库等为基础，除此以外还有诸如 seaborn 库、bokeh 库以及 PyQtGraph 库等。

1）numpy 库

numpy 库是 Python 用于数据处理的底层库，是高性能科学计算和数据分析的基础。numpy 库最核心的部分是 N 维数组对象，即 ndarray 对象，它具有矢量算术能力和复杂的广播能力，可以执行一些科学基础。ndarray 对象同时拥有对高维数组的处理能力，这是数值计算中不可或缺的重要特性。numpy 库对 ndarray 的基本操作包括数组的创建、索引和切片、运算、转置和轴对称等。数组的创建常用的是 array() 方法，调用该方法可用列表、元组等 Python 的数据类型创建数组。

2）pandas 库

pandas 库是 Python 下著名的数据分析库，主要功能是进行大量的数据处理。Series 和 DataFrame 是 pandas 库的两类主要的数据结构，其中，Series 是一维的，DataFrame 是二维的。两者与 numpy 的一维数组和二维数组的重要区别在于 Series 和 DataFrame 是有索引的，而 numpy 的数组则没有。Series 和 DataFrame 可以由 numpy 数组、列表、字典等数据类型创建。基于 pandas 库，可以完成数据读取、数据整理和数据可视化等主要步骤。pandas 集成了 matplotlib 中的基础组件，可以使用 pandas 库实现一些可视化图表。

3) matplotlib 库

matplotlib 库是 Python 中最流行的数据可视化库。matplotlib 通过 pyplot 模块提供了一套绘图 API,将众多绘图对象构成的复杂结构隐藏在这套 API 内部,用户只需要调用 pyplot 模块提供的方法,以渐进的方式快速绘图,并设置图表的各种细节,例如创建画布、在画布中创建一个绘图区、在绘图区上画几条线、给图像添加文字说明等,而且可以输出为 png 或 pdf 等多种文件格式。使用 matplotlib 进行数据可视化,需要先导入绘图模块 pyplot。matplotlib.pyplot 中的每一个方法都会对画布图像作出相应的改变。对于坐标系的图表而言,matplotlib 库绘图包括以下基本元素:① x 轴和 y 轴,水平和垂直的轴线;② x 轴和 y 轴的刻度,标示坐标轴的分割,包括最大刻度和最小刻度;③ x 轴和 y 轴刻度标签,表示特定坐标轴的值;④ 绘图区域。pyplot 模块中包含的快速生成图表方法具体说明如表 4-3 所示。

表 4-3 pyplot 中常用绘图方法一览

方法名称	方法说明
plot(x,y,label,color,width)	根据(x,y)数组绘制直线/曲线
boxplot(x,notch,position)	绘制箱形图
bar(x,height,width,bottom)	绘制柱状图
barh(y,width,height,left)	绘制水平柱状图
pie(x,explode,labels,colors,radius)	绘制饼图
scatter(x,y,marker)	绘制散点图
step(x,y,where)	绘制步阶图
hist(x,bins,normed)	绘制直方图
contour(X,Y,Z,level)	绘制等值线
stem(x,y,line,marker,base)	绘制每个点到 x 轴的垂线

4. ECharts

ECharts 是一款基于 JavaScript 的数据可视化图表库,可以流畅地运行在 PC(个人计算机)和移动设备上,底层依赖矢量图形库 ZRender。使用 ECharts 须下载其开源的版本,然后才能绘制各种图形。其官网地址为 https://echarts.apache.org/。下载到本地的 ECharts 文件是一个名为 echarts.min 的 JavaScript 文件,在编写网页文档时将该文件放入 HTML 页面中即可制作各种 ECharts 开源图表。ECharts 的基本使用步骤如下。

1) 引入 ECharts

```
<html>
    <head> <meta charset = "utf-8" /> <title> ECharts </title>
    <script src = "echarts.min.js"> </script> </head>
</html>
```

2) 准备容器

```
<body>
    <div id = "main" style = "width: 600px;height:400px;"></div>
</body>
```

3）初始化实例

```
<body>
    <div id="main" style="width: 600px;height:400px;"></div>
    <script type="text/javascript">
        var myChart = echarts.init(document.getElementById('main'));
    </script>
</body>
```

4）指定图表的配置项和数据

```
var option = {
    title: {
        text: 'ECharts 入门示例'
    },
    tooltip: {},
    legend: {
        data: ['销量']
    },
    xAxis: {
        data: ['衬衫','羊毛衫','雪纺衫','裤子','高跟鞋','袜子']
    },
    yAxis: {},
    series: [
        {
            name: '销量',
            type: 'bar',
            data: [5, 20, 36, 10, 10, 20]
        }
    ]
};
```

5）显示图表

```
myChart.setOption(option);
```

以上代码在浏览器中运行的结果如图 4-10 所示。

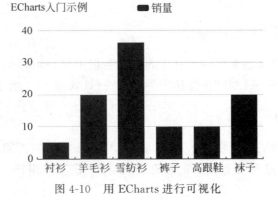

图 4-10　用 ECharts 进行可视化

6) 异步数据的加载

很多时候数据可能需要异步加载后再填入。ECharts 中实现异步数据的更新非常简单，在图表初始化后，不管任何时候只要通过 jQuery 等工具异步获取数据，然后通过 setOption 填入数据和配置项就行。

4.2 数据可视化方法

对数据的可视化需要考虑数据的不同类型、结构、特征等，以及结合具体的问题背景，灵活采用不同的可视化方法。但掌握针对不同的数据类型可以采用哪些可视化方法是灵活应用的基本前提。从数据的结构特征上来看，数据可以分为结构化数据和非结构化数据，针对这两种不同的数据类型，所采用的数据可视化方法也是不同的。

4.2.1 结构化数据可视化方法

结构化数据也可以被理解为按照预定义的模型结构化或以预定义的方式组织的数据。结构化数据也称作行数据，是由二维表结构来逻辑表达和实现的数据，严格地遵循数据格式与长度规范，主要通过关系型数据库进行存储和管理。在结构化数据中，数据是以行和列的组织形式构成，通常称一行数据为一个样本或观测，一列数据为变量或属性。常见的结构化数据可视化视角主要有以下几类：比较与排序、局部与整体、分布、相关性、网络关系、时间趋势，不同视角所采取的常用作图方法见表 4-4。

表 4-4 常见的结构化数据可视化作图方法

可视化视角	常见作图方法
比较与排序	柱状图、条形图、矩形树图、象柱状图、南丁格尔玫瑰图、漏斗图、瀑布图、马赛克图、雷达图、词云图
局部与整体	饼图、圆环图、旭日图、矩形树图
分布	直方图、核密度估计图、箱线图、小提琴图、热力图、平行坐标图
相关性	散点图、气泡图、相关矩阵图、相关矩阵热力图
网络关系	网络图、弧形图、和弦图、桑基图
时间趋势	折线图、面积图、主题河流图、日历图、蜡烛图

1. 比较与排序图

比较与排序图主要关注无序或者有序的定性数据中某一指标的大小关系，可以通过柱状图、条形图、矩形树图、象柱状图、雷达图等图形表示，如图 4-11 所示。

2. 局部与整体图

局部与整体图主要关注定性数据中不同类别与总体之间的比例或占比关系，从而展示不同类别在总体中的重要性程度，常见的可视化图形包括饼图、圆环图、旭日图等，如图 4-12 所示。

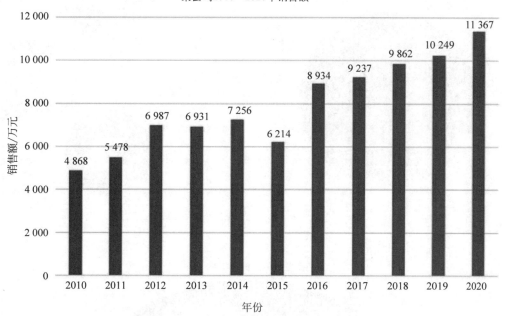

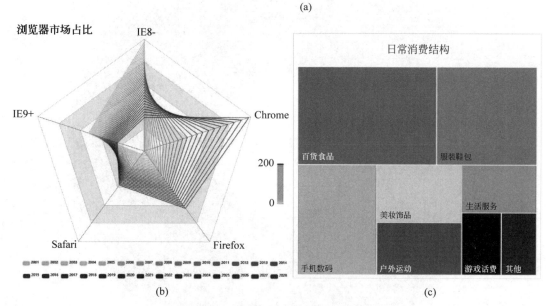

图 4-11　柱状图、雷达图、矩形树图示例
（a）柱状图；（b）雷达图；（c）矩形树图

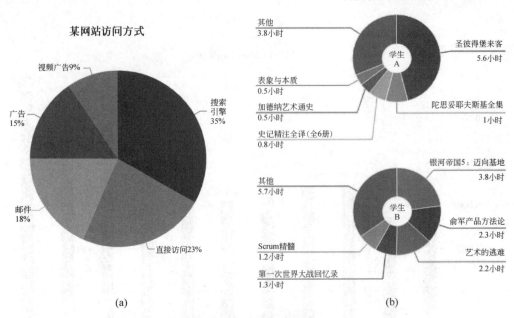
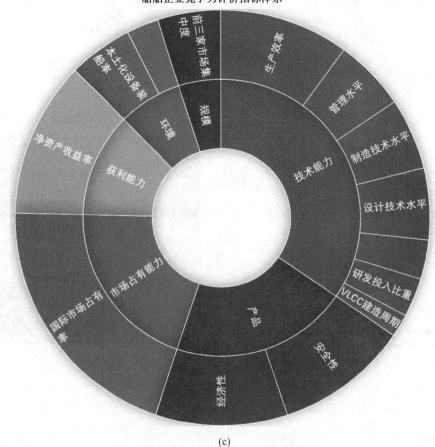

图 4-12 饼图、圆环图、旭日图示例
（a）饼图；（b）圆环图；（c）旭日图

3. 分布图

分布图展示了定量数据在其取值范围内的分布特征,在结构化数据可视化中广泛应用,常用的可视化图形包括直方图、核密度估计图、热力图等,如图4-13所示。

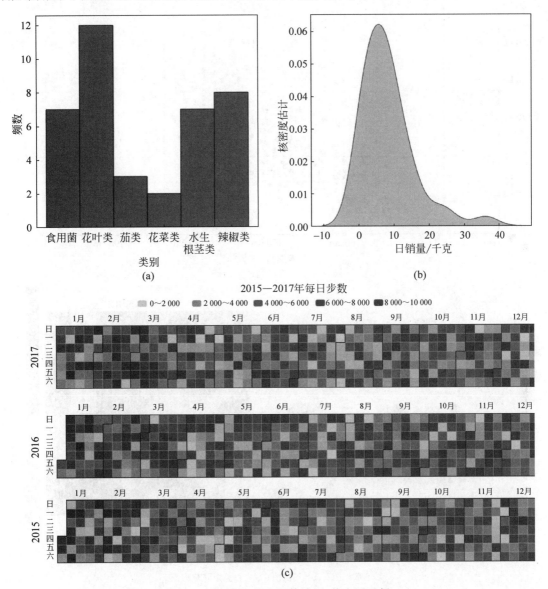

图 4-13　直方图、核密度估计图、热力图示例
(a) 直方图；(b) 核密度估计图；(c) 热力图

4. 相关性图

相关性图主要关注两个或多个定量变量之间的结构关系。其中,散点图是展示两个定量变量之间关系最为常见的可视化方法。此外,气泡图能够加入其他维度的变量来反映多个变量的相互关系。相关矩阵热力图可以表示多个变量之间的两两相关程度(图4-14)。

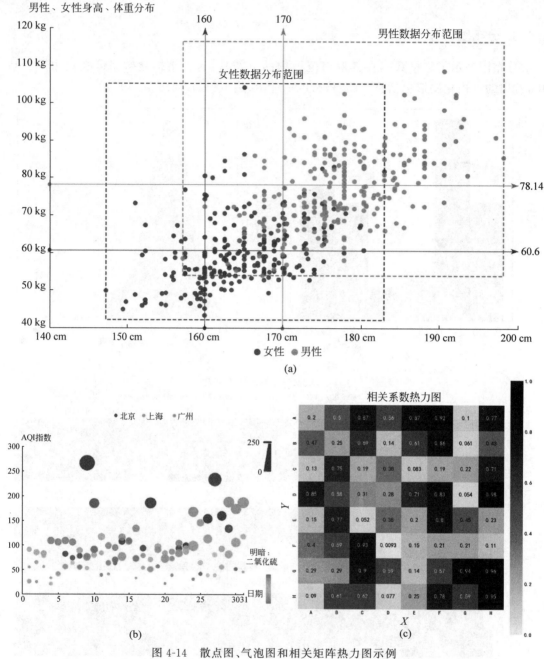

图 4-14　散点图、气泡图和相关矩阵热力图示例
(a) 散点图；(b) 气泡图；(c) 相关矩阵热力图

5. 网络关系

网络关系是指个体或者节点之间的复杂关系。由节点和连边组成的网络图是最基本的反映网络关系的可视化方法(图 4-15)。

6. 时间趋势图

时间趋势图主要关注定量数据随时间变化的规律，对时间趋势的可视化是结构化数据

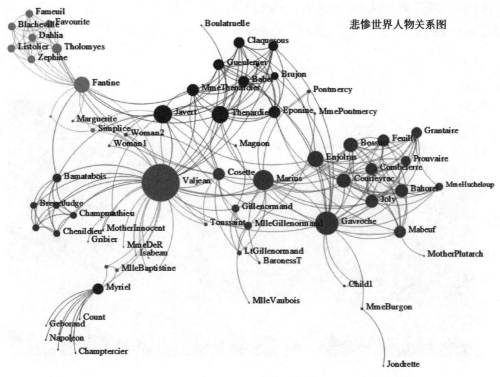

图 4-15　网络图示例

分析常见的方法之一。图 4-16 展示了某地区一段时间内降雨量与蒸发量折线图。

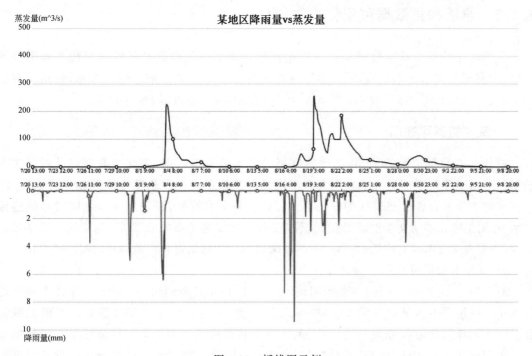

图 4-16　折线图示例

面积图能够以更加饱满的形式展示时间趋势,如图 4-17 所示。

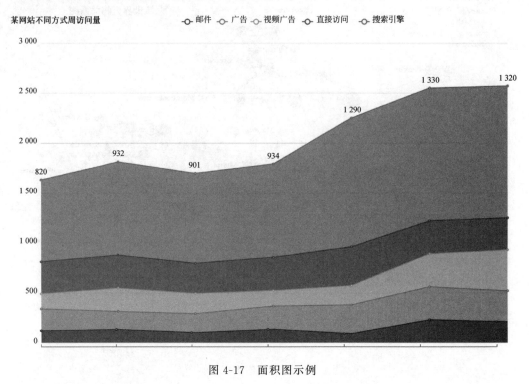

图 4-17　面积图示例

4.2.2　非结构化数据可视化方法

与结构化数据相对应的则是非结构化数据。非结构化数据是指数据结构不规则或不完整,没有预定义的数据模型,同时难以通过数据库二维逻辑表来表现的数据,包括所有格式的办公文档、XML、HTML、各类报表、图片、音频、电子邮件、视频等数据。

1. 文本数据可视化

根据文本数据类型的不同,文本数据可以分为单文本数据、多文本数据以及时序文本数据。而对于不同类型的文本数据又有不同的可视化重点。对于单文本数据来说,关心的是文本的主题或是作者要表达的核心思想;对于多文本数据,要表达文本之间隐藏的连接关系、相同主题在不同文本里面的权重、不同主题在文本集里面的分布等;对于时序文本数据来说,主要表达文本的时序性,并通过时间轴来展示。下面简要介绍前两种数据的可视化。

1) 单文本数据可视化

对于单文本数据可视化,主要采用词云(word cloud)、单词树(wordtree)等技术来展现文本中的特征词及内部语言关系。词云,又称标签云,用来展示文档或数据的关键词或标签。词云制作方法可以分为三种:第一种方法是借助在线工具;第二种方法是直接使用有词云图制作功能的软件,如 FineBI、Tableau、SmartBI 等;第三种方法是通过编程来实现词云图,常用的编程语言有 Python 和 R。下面以《中华人民共和国国民经济和社会发展第十四个五年规划和 2035 年远景目标纲要》的章节标题为例来展示词云图(图 4-18)。

图 4-18 "十四五"规划词云图

单词树是一种基于图的文本关系可视化,不仅能将文本主题词可视化,还能够从句法层面可视化表达文本词汇的前缀关系,并利用树形结构可视化总结文本的句子,进而体现文本的内部语言关系。目前可以应用 wordtree 程序包来构造单词树。图 4-19 和图 4-20 是以马丁·路德·金(Martin Luther King)的演讲 *I have a dream* 为示例,应用 Python 编程工具制作生成的单词树示意图。通过这种单词树形式,可以很好地展现这篇演讲稿的行文逻辑。

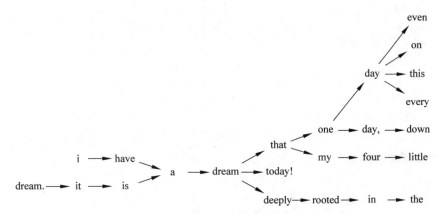

图 4-19 *I have a dream* 单词树示意图(长度为 5)

2) 多文本数据可视化

对多文本数据进行可视化时,主要关注文本之间隐藏的连接关系以及主题在文本集里面的分布情况等。可以引入向量空间模型来计算各个文档之间的相似性,单个文档被定义成单个特征向量,最终以投影等方式来呈现各文档之间的关系。常见的多文本数据可视化的方法包括星系视图(galaxy view)、文档集抽样投影和雷达图等。

星系视图是将文本集合中的文本按照其主题的相似性进行布局。在星系视图中,假设一篇文档是一颗星星,每篇文档都有其主题,将所有文档按照主题投影到二维平面上。在绘制视图过程中,将主题接近的文本绘制在相近的地方,最终绘制成疏密有致的"星系",如

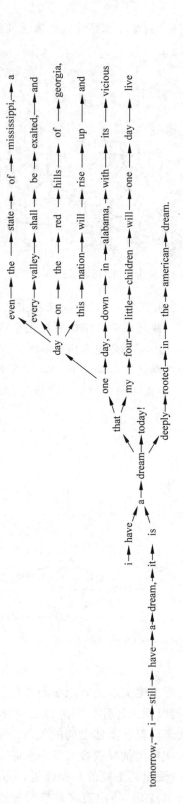

图 4-20 *I have a dream* 单词树示意图(长度为 10)

图 4-21 所示。

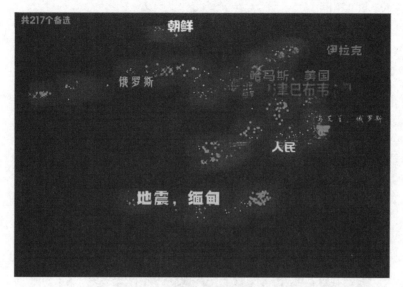

图 4-21 星系视图示意图
资料来源：https://in-spire.pnnl.gov.

2．音频数据可视化

作为一种信息的载体，音频可分为波形声音、语音和音乐三种类型。音频特征有多种，这里主要介绍三个有意义的特征：频谱质心、过零率和梅尔频率倒谱系数。频谱质心是指声音的"质心"，又称频谱一阶距，是按照声音的频率的加权平均值计算得出。频谱质心的值越小，表明越多的频谱能量集中在低频范围内。过零率是指一个信号符号变化的比率，即在每帧中，语音信号通过零点（从正变为负或从负变为正）的次数。梅尔频率倒谱系数通常由 10~20 个特征构成集合，可以用来简明地描述频谱包络的总体形状，对语音特征进行建模。在 Python 语言中，常用 librosa 工具提取音频特征（图 4-22~图 4-24）。

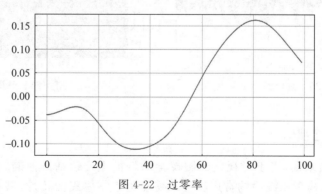

图 4-22 过零率

除了上述三种音频特征之外，librosa 包还可以用于描述音频的波形图（图 4-25）、声谱图（图 4-26）、频谱带宽、滚降频率、频谱平坦度等。

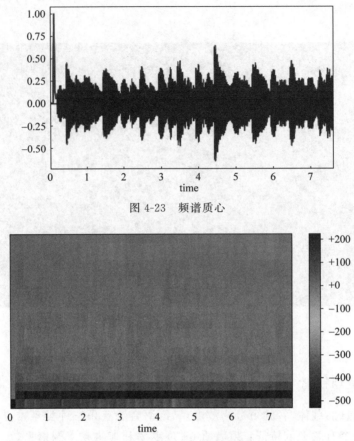

图 4-23 频谱质心

图 4-24 梅尔频率倒谱系数

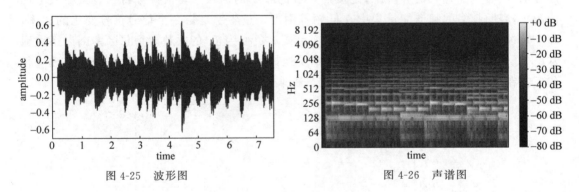

图 4-25 波形图　　　　　　图 4-26 声谱图

3. 图像数据可视化

对于图像数据来说,用于可视化的图像全局特征主要包括图像的颜色、纹理、边缘、形状等。颜色是图像检索系统中的常用特征;纹理是指物体表面特性,其包含物体表面结构组织排列的重要信息及其与周围物体的联系;边缘是指图像灰度在空间上的突变,或者在梯度方向上发生突变的像素的集合,上述突变通常是图像中所包含物品的物理特征改变而造成的;形状特征一般可以分为轮廓特征和区域特征。

对于包含成千上万张图片的图片集来说,这时就需要有效的搜索和可视化算法来展示图像与图像之间的关联性。关联性往往通过图像内容、文字描述的相似性得到。基于相似性的图像可视化可以构造出带有层次的信息，从而支持对大规模图像集的浏览。

故事线是可视化大规模社交网络图片或一系列新闻报道图片的一种有效方法。故事线可以提炼出多类别图片在时间线上的先后顺序。而构造故事线的关键是要从大规模社交网络图片中提取出时序变化的单向网络。

4. 视频数据可视化

视频数据是指连续的图像序列，其实质是由一组组连续的图像构成的。视频数据可用故事单元、场景、镜头和帧来描述。视频数据的分析涉及视频结构和关键帧的抽取、视频语义的理解，以及视频特征和语义的可视化与分析。视频可视化主要考虑采用何种视觉编码来表达视频中的信息，以及如何帮助用户快速、精确地分析视频特征和语义。视频可视化的方法主要分为两类：视频摘要和视频抽象。

将视频看成图像堆叠而成的立方是一种经典的视频摘要表达方法。为了减少对视频数据的处理时间，可以采用更为简洁的方法呈现视频立方中包含的有效信息，如图 4-27 所示，它展现了 4 个视频场景（走路、跑步、恶作剧和入室抢劫）及其对应的弯曲形视频立方可视化效果。这种方法的主要步骤是：视频获取、特征提取、视频立方构造、视频立方可视化。其关键是依赖一组视频特征描述符来刻画视频帧之间的变化趋势。用户可以通过设计视频立方的空间转换函数交互地探索场景。

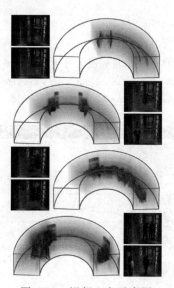

图 4-27　视频立方示意图

资料来源：DANIEL G，CHEN M. Video visualization[C]//Proceedings of IEEE Visualization，Washington，DC，USA，F，2003. IEEE Computer Society，2003.

不同于视频摘要，视频抽象注重将视频信息映射为可视化元素，其中视频信息主要指代视频中重要的信息，而不是原始的视频图像。视频流中往往包含很多信息，如发生的一些事件或一些物体的位移。视频抽象包括语义抽取和语音信息可视化两步。视频抽象方法可以分为视频嵌入、视频图标和视频语义。如图 4-28 所示，左图是将鸟类飞翔视频投影成点,并将它们连接成线;右图是对视频的概要可视化展示,体现了鸟类的两种飞翔模式。如图 4-29 所示,它是一个增强隧道视频监控系统的时态感知能力的可视化系统。可以利用 AIVis 系统首先从视频监控中抽取出交通事件,后再通过可视化的方式来展示隧道中发生的事件。

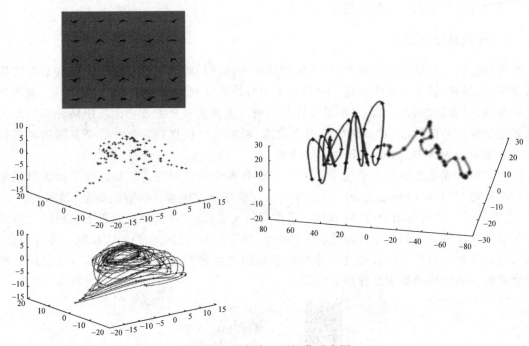

图 4-28 视频嵌入可视化示意图

资料来源:PLESS R. Image spaces and video trajectories:using isomap to explore video sequences[C]//IEEE International Conference on Computer Vision. Nice,France:IEEE,2003:1433-1440.

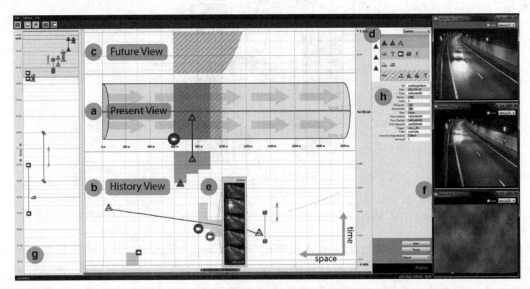

图 4-29 视频语义可视化案例:AIVis 系统对隧道同行状况的实时监控

资料来源:PIRINGER H,BUCHETICS M,BENEDIK R. AIVi:situation awareness in the surveillance of road tunnels[C]//2012 IEEE Conference on Visual Analytics Science and Technology (VAST). Seattle,WA:IEEE,2012:153-162.

4.3 数据可视化应用

数据可视化方法在聚类分析、关联分析、预测分析等不同的问题背景中都可以灵活应用。重要的是,数据可视化是分析问题、阐述问题的辅助工具。在应用数据可视化方法时,必须以问题为主、以方法为辅,切不可为可视化而可视化,要时刻谨记:可视化的图形必须说明一些事实或问题。

4.3.1 聚类分析可视化

聚类分析本质是通过衡量数据相似程度实现对所收集数据类别划分的一种方法,其分析过程主要包含数据收集及预处理,数据相似度衡量方法的确定,数据聚类或分组的实施,以及结果的评估四个阶段。数据相似性是聚类分析的基础,面向不同分析目的以及数据特点,采用合适的相似度计算方法往往会达到事半功倍的效果。例如,可映射为坐标系统的数据主要通过数据间的相异性获得聚类,相应欧氏距离可以很好地刻画坐标系统中不同数据对象之间的相异性。数据聚类或分组的实施是聚类分析的核心,主要通过特定的聚类方法将不同的数据划分到不同的分组之中。聚类方法主要包括层次法、划分法、密度法、网格法和模型法。

本节对海上浮式生产储油轮(floating production storage and offloading,FPSO)系泊相关专利展开聚类分析,主要目标如下:①对专利文献外部特征进行聚类结果可视化,分析不同类别专利价值;②对专利文献摘要进行文本分析和可视化,探查 FPSO 系泊领域主要技术发展方向。

通过 incoPat 数据库收集了截至 2022 年 7 月 3 日的"FPSO 系泊"相关专利文献数据,共计 3 488 条记录,每条记录包含公开(公告)号、摘要、权利要求数量、首权字数、引证次数、简单同族个数、专利分类号(international patent classification,IPC)个数、发明人数量等信息。在此基础上,对某些量化数据进行标准化处理,构造数据结构 df1。

1. 专利文献外部特征聚类结果可视化

许多实证研究工作表明,诸如引证次数、发明人数量、权利要求数量等专利文献的外部特征是专利价值的重要表征。对此,本部分基于所获取的专利文献数据中外部特征数据,展开聚类及可视化分析,以期实现专利价值的初步划分,减少企业需要追踪的专利数量。由于无先验知识,聚类过程中将聚簇数量由 2 逐渐增至 50,并通过 CH(Calinski-Harabasz)准则来评估聚类效果。CH 准则主要通过分析聚簇之间的距离来评判聚类效果,相应 CH 指标得分越高越好。从图 4-30 中可以看到,当聚簇数量为 2 时,拥有最高得分,进而选择将数据集中的专利文献聚为 2 类。

在聚类分析的基础上,考虑到数据拥有多维特征,因而采用雷达图(图 4-31)来展示不同聚类的特点。

图 4-31 中,聚类结果的两个聚簇在外部特征上具有明确区别,类别 2 聚簇的 IPC 个数

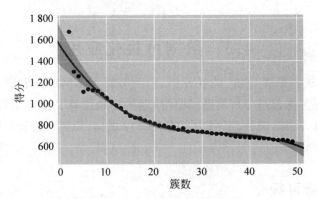

图 4-30 k-means 聚类结果评估

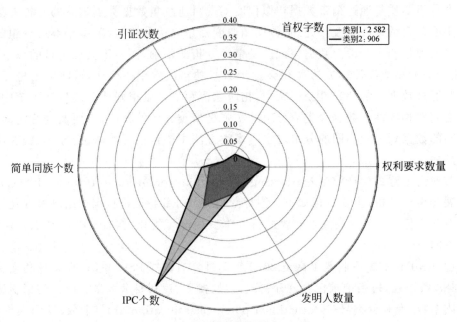

图 4-31 不同聚类的特征对比

远高于类别 1 聚簇,简单同族个数和权利要求数量略高于类别 1,引证次数和首权字数与类别 1 接近,而发明人数量低于类别 1。此外,类别 2 聚簇中包含的专利文献数量为 906 件,远低于类别 1 聚簇(2 582 件)。这说明相较于类别 1 的专利而言,类别 2 的专利可能拥有更高的价值,值得进一步分析和追踪。

2. 专利文献文本信息聚类结果可视化

专利文献外部特征分析虽然可以在一定程度上对专利价值形成较好的把握,但专利的核心技术往往蕴含于专利文献的内部特征(即专利文献的文字信息)之中。因此,本部分通过分析专利文献数据集中的摘要信息,进一步探查 FPSO 系泊领域主要的技术发展方向。其主要步骤包括:对专利文献摘要数据进行分词处理;将分词后的摘要数据转化为向量,并借助潜在狄利克雷分配(latent Dirichlet allocation,LDA)模型实现主题聚类;提取不同主题高频词,展示聚类结果。

图 4-32 展示了分词后摘要数据词云图。从图 4-32 中可以看出，虽然存在一些领域中的关键词汇析出（如锚固、驳船、壳体等），但这些词汇往往被一些专利文献常见词汇（如发明、装置等）所掩盖，需要进一步分析。

图 4-32　分词后摘要数据词云图

基于分词后的专利摘要数据，进行词向量转换和 LDA 主题聚类。由于同样缺少先验知识，将主题聚类数量由 1 逐渐增至 50，同时借助困惑度这一指标衡量主题聚类效果。图 4-33 给出了不同主题聚类下的困惑度，其中困惑度数值越低，表示主题聚类效果越好。从图 4-33 中可以观察到，主题聚类数量和困惑度之间存在非线性关系，当聚类数量在 10 左右时，拟合曲线（实线）出现极小值，由此将主题聚类数量设置为 10。

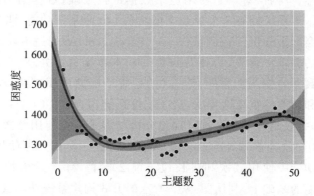

图 4-33　不同主题聚类下的困惑度

图 4-34 绘制了主题聚类数量为 10 时，不同主题下高频主题词的占比情况。从图 4-34 中可以观察到，不同主题下前 5 个高频主题词之间几乎是不重叠的。特别是，对于特定主题，前 5 个主题词的占比也并不完全相同。这一结果表明 LDA 模型的聚类数量是较为合理的，相应不同主题之间的交叉较少。

4.3.2　关联分析可视化

关联分析作为一种基于规则的机器学习方法，主要目的是通过一定的测量方法识别数据集中的强规则，并已广泛应用于营销管理、数据挖掘、用户行为分析、特征分类和知识发

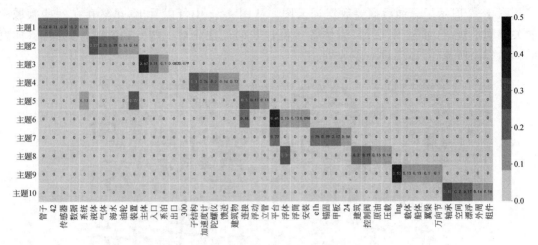

图 4-34　主题词在不同主题下的分布情况

现等领域。关联分析算法主要有 Apriori 算法和 FP-Tree 算法等。

以我国某大型船舶修造企业的成本控制系统为案例对象,使用关联规则方法探索该信息系统 140 多个功能模块之间复杂的关系,并采取多种数据可视化方式进行展示,为掌握数据可视化在关联分析中的应用提供参考。本案例从我国某大型船舶修造企业成本控制系统日志数据中提取 2018 年 1 月 1 日至 2018 年 12 月 31 日的 256 206 条使用记录。每条使用记录包含 9 个属性:ID、用户 ID、登录 ID、用户名称、登录时间、退出时间、机器 ID、机器名称和系统功能名称。而后,对原始使用记录数据进行处理,数据集为该成本控制系统的 229 997 条使用记录,该系统拥有 7 个子系统模块和 140 个系统功能,涉及 366 位系统用户。

此处将采用社会网络分析(social network analysis,SNA)的逻辑与方法,从关系网络视角探索系统功能间的关系。首先,需要对收集的样本数据进行处理,将现有基于二维表形式的系统使用记录数据转换为对称矩阵形式的系统功能共使用网络(co-used network)数据。考虑系统用户和功能的重要性程度,从 311 位系统用户和 140 个系统功能中识别出核心用户与核心功能,并以此为对象进行可视化分析与展示。将使用频次和使用时长同时位于前 20% 的 41 位用户视为该系统的核心用户,同时,对 41 位用户所使用的 78 个系统功能进行识别,将 78 个功能中使用频次和时长位于前 20% 的 24 个功能视为该系统的核心功能。在识别核心功能的基础上,利用图 4-35 所示的方式构建系统功能共使用矩阵。

图 4-35 可视化展示了 41 位核心用户所使用的 78 个系统功能共使用网络结构。该图使用社会网络分析软件 Pajek[①] 绘制。Pajek 是大型复杂网络分析和研究的有力工具,可用于对上千乃至数百万个节点的大型网络进行分析和可视化操作。图 4-35 中的各节点代表不同的系统功能(通过节点编号进行区分),节点自身的大小表示该节点与其他节点共使用频次的程度,节点之间的连线则表示功能共同使用关系,连线的粗细代表共同使用的强度,功能共同被使用的频次越高,相应的连线越粗。明显可以发现,编号为 M3.6.3、M3.6.1、M3.6.10、M3.5.2 的系统功能之间的共使用关系更为密切,而图 4-35 右侧的大多数节点之间的关系程度相对较弱。这一方面说明核心用户在完成日常工作时,会频繁地使用 M3.6.3、

---

① Networks/Pajek[EB/OL]. http://vlado.fmf.uni-lj.si/pub/networks/pajek/.

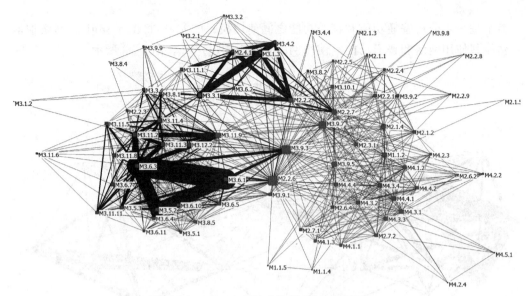

图 4-35　78 个系统功能共使用网络结构

M3.6.1、M3.6.10、M3.5.2 等功能；另一方面说明上述功能可能会拥有相近的业务特征。同时，在图 4-35 的基础上，通过热力矩阵可视化的方式丰富可视化的结果，如图 4-36 所示，图中颜色的深浅代表功能间关系的强度，颜色越深，表明相应功能间的关系强度越高，相比于网络关系图，热力图在直观表达大量变量间的关系强度上具有一定的优势。

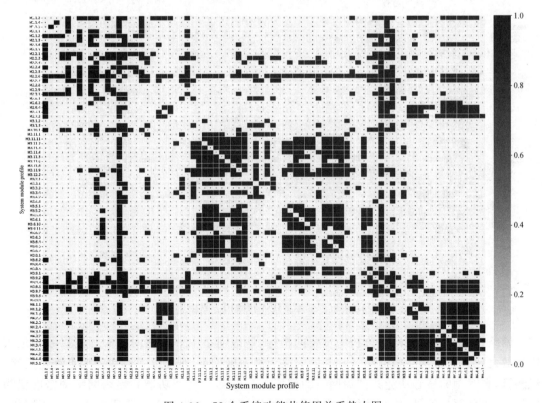

图 4-36　78 个系统功能共使用关系热力图

为了进一步分析普通功能和核心功能之间使用模式的差异,将图 4-35 中的网络抽取为核心功能共使用网络和普通功能共使用网络,分别如图 4-37 和图 4-38 所示。

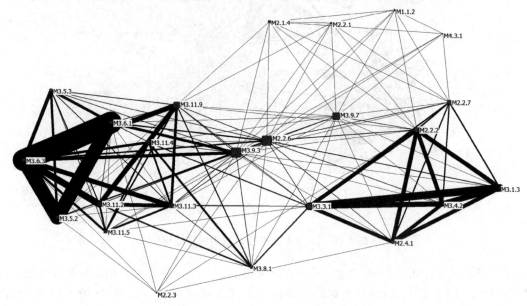

图 4-37　24 个核心功能共使用关系网络图

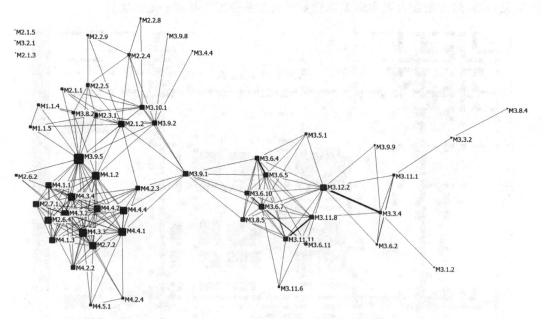

图 4-38　54 个普通功能共使用关系网络图

网络密度作为社会网络分析中重要的指标,是指网络中节点之间的实际连接数与最大连接数之比。通常网络密度高于 0.5 的网络为高密度网络,低于 0.5 则表示为低密度网络。经测算,本案例的核心功能共使用网络的密度为 0.514,而普通功能共使用网络的密度仅为 0.150。十分明显的是,核心功能共使用网络的密度和连通性远高于普通功能共使用网络。

与核心功能共使用网络相比,普通功能共使用网络整体稀疏,并且存在孤立点(M2.1.5、M3.2.1和M2.1.3)。此外,在核心功能共使用网络中,核心功能之间的连接更为紧密,并且不存在孤立的节点。与此同时,核心功能间的平均共使用频次为1 445.375,而普通功能之间的平均共使用频次仅为19.074。24个核心功能的日均使用频次为13.71,其中功能M3.6.3日均使用频次最高,为86.48。上述结果表明,核心功能和普通功能之间的使用模式存在明显的差异。对于核心功能而言,用户倾向于频繁地同时使用它们来完成日常的工作任务,而普通功能的使用相对分散,更多地扮演着"辅助"核心功能的角色。因此,保障核心功能集的正常运作与有效维护对于企业发挥信息系统价值至关重要。

4.3.3 预测分析可视化

预测分析通过分析当前数据和历史数据,从而对未来的事件作出预测。预测分析的工作原理是:先根据一组输入变量进行建模,再训练模型来对未来数据进行预测。随后,该模型会识别变量之间的关系和模式,并根据训练数据提供一个分值。该分值可用于商业智能,以评估一组条件的风险或潜在收益。它将被用来确定某些事件发生的可能性。常见的预测建模技术包括回归技术、机器学习技术、决策树和神经网络等。

将可视化技术应用于车辆行程时间数据预测分析之中,精确的车辆行程时间预测结果有助于城市交通管理者实时调整交通流量、及时发现拥堵,还有助于智能导航系统推荐最佳通行路线,提升用户体验,节省社会成本。本案例拟展开及时、有效的交通状况与车辆行程时间预测分析,对车辆行程时间预测中特征分析过程进行可视化展示,准确预测交通状况,帮助企业在进行物品运输时选择相对通顺的道路,进而降低供应链成本、提高生产效率。

本案例采用国际数据挖掘领域顶级赛事KDD CUP 2017数据集。该数据集记录了车辆不同时间在多个固定线路中行驶所用时间。数据主要包括三部分:道路基本信息、车辆通行时间信息和天气信息。道路网络拓扑图如图4-39所示,道路包含3个收费站和3个交叉口。

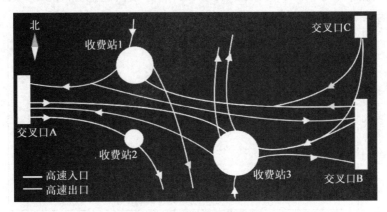

图4-39 道路网络拓扑图

1. 特征构建可视化与分析

剔除异常值之后,在对天气因素和车辆行程时间进行归一化处理使其变成同一量纲的基础上，根据车辆行程时间预测问题的特点，本案例构建的特征主要分为三个部分：时间特征、道路特征以及天气特征。时间特征指某天、某时间段以及某时刻的时间因素对车辆行程时间的影响；道路特征指不随时间的推移而变化的道路基本信息对车辆行程时间的影响；天气特征指天气因素对车辆行程时间的影响。

采用集成学习算法中的随机森林和GBRT(梯度提升回归树)对特征值进一步分析，以得到特征的重要性排序，特征重要性的选择可以在一定程度上筛选特征，进而提高模型的鲁棒性。随机森林判断特征重要性的主要思想是：通过判断随机森林的分支特征的贡献值，然后对比特征之间贡献值的平均值大小，得出特征的重要性排序。随机森林运行结果为：道路因素的占比为73.73%，前3名中道路因素占据两个，其中，线路长度的占比为66.82%，其次是线路占比为6.10%；再者，时间因素的占比为19.56%，其中，划分的五个时间窗口和小时排名相对靠前，共占据模型变量的18.74%，星期变量占比相对较小；而天气因素的总占比为6.71%，其中，温度、相对湿度、风速和舒适度指数的占比为6.08%，降雨的占比相对较低。GBRT模型在选择好训练参数后能够输出所使用特征的相对重要性，其中GBRT在训练过程中主要参数包括弱学习器个数(610)、最大树深(6)、学习率(0.1)。GBRT算法结果为：道路因素的总占比为86.34%，其中线路总长度和线路ID占据前两位；时间因素的总占比为13.02%；天气因素的总占比为0.59%，与随机森林的结果类似。

2．预测可视化分析

1) K 近邻算法

本部分将基于分析得到的重要影响因素使用K近邻算法对车辆行程时间进行预测。在K近邻算法的学习中，本案例根据训练集的10折交叉验证，找出最小平均绝对误差(MAE)对应的K值，并使用平均法(对K个训练子集的输出值平均)计算当前样本的最终输出。通过实验得出训练集中的预测结果如图4-40所示。由图4-40可知，随着K值的增大，MAE逐渐减小。考虑模型的精度和效率，本案例中选取K等于31，通过平均10次指标对应平均值，最终得到MAE为22.04，RMSE(均方根误差)为41.27，MAPE(平均绝对百分比误差)为0.188。

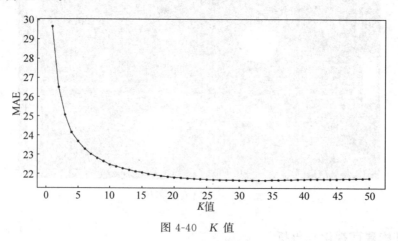

图4-40 K值

2) 随机森林模型

本部分将基于分析得到的重要影响因素使用随机森林算法对车辆行程时间进行预测。Python 软件运行随机森林时,其参数中,oob_score 用来表示在对模型进行评估时是否采用袋外数据,是随机森林内部对误差建立的一个无偏估计,本案例采用默认值 False。n_estimators 表示弱学习器的个数。该参数设置的大小会影响学习效果是过拟合还是欠拟合,当设置过大时,将增大整个运算过程的计算量,因此需要选择一个适中的值。该参数的默认值为 10。max_depth 表示决策树的最大深度。如果该参数采用默认值 None,则在训练过程中节点将会一直扩展,直至所有的叶子节点不能再分裂;由于随机森林的基学习器具有偏差低并且预测效果较好的特点,因此,本案例对基学习器中树的深度采用默认值。随机森林在训练过程中以降低方差为目的,而学习器的多少对方差影响较大。因此,本案例在随机森林调参过程中主要考虑基学习器的个数(n_estimators)和最大树深(max_depth)对验证集结果的影响。其 n_estimators 和 max_depth 的训练结果如图 4-41 和图 4-42 所示,由图得知,当 n_estimators=92、max_depth=6 时,MAE 均达到最小。通过 10 折交叉验证结果的平均,最终得到 MAE 为 21.29,RMSE 为 40.38,MAPE 为 0.173。

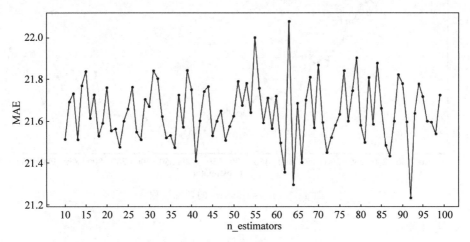

图 4-41　n_estimators 的训练过程

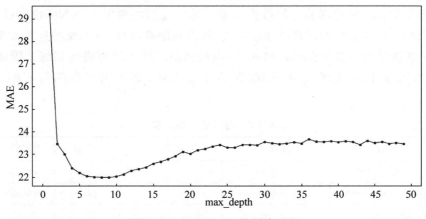

图 4-42　max_depth 的训练过程

3）梯度提升回归树

Python 软件运行一般性梯度提升回归树时，其参数 n_estimators 表示弱学习器的个数，一般默认值为 100；参数 learning_rate 表示学习率，这个参数决定了参数达到最优值的速度，默认值为 1，learning_rate 与 n_estimators 成反比，即弱学习器越大，其对应的学习率就越低；max_depth 表示每棵树的最大深度。与 Bagging 的随机森林不同的是，Boosting 的一般梯度提升回归树算法的学习器都为弱学习器。GBRT 算法的主要目的是降低学习器的方差，而对应的偏差较高。GBRT 在训练过程中需要增加弱学习器的个数以降低偏差，所以 n_estimators 的默认值比随机森林中的默认值大。在调参过程中，主要考虑基学习器的个数（n_estimators）对验证集结果的影响。由图 4-43 得知，当 n_estimators 等于 610 时，对应的 MAE 最小。通过 10 折交叉验证的平均，最终得到 MAE 为 20.55，RMSE 为 40.23，MAPE 为 0.17。

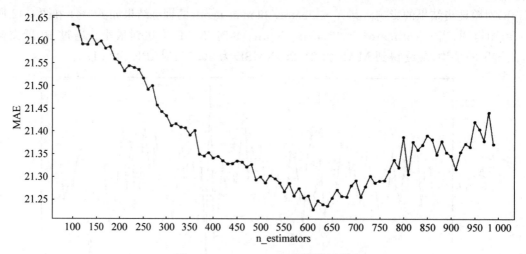

图 4-43　n_estimators 的训练过程

4）预测性能比较

采用每一折的验证集中产生的平均预测误差，每种模型的主要参数设置和 10 折交叉验证中的评估指标如表 4-5 所示。由训练的过程可以得出，GBRT 在车辆通过时间数据集上的预测效果最好，KNN 得到的预测效果最差。其次在训练速度上，KNN 模型的训练速度最慢、耗时最长，GBRT 模型的训练速度最快，其次是随机森林。KNN 的运算效率最差，是因为 KNN 训练过程中是把样本存储起来，当收到测试样本后再进行训练。因此，单个模型中，GBRT 模型相对优于其他模型，评估指标更优，更适用于车辆行程时间的短时预测。

表 4-5　各模型参数设置

算法	参数 1	参数 2	参数 3	MAE	RMSE	MAPE
KNN	$K=31$			22.04	41.27	0.188
RF	n_estimators=92	max_depth=6		21.29	40.38	0.173
GBRT	n_estimators=610	max_depth=6	learn_rate=0.1	20.55	40.23	0.170

思考题

1. 数据可视化的一般过程是怎样的?
2. 结构化数据可以采用哪些可视化方法?
3. 非结构化数据可以采用哪些可视化方法?
4. 从数据可视化在不同分析问题中的应用中,能否总结出用数据可视化辅助分析问题的一般过程?

即测即练

开 发 篇

第 5 章 系统设计与开发概述

系统设计与开发是信息技术领域的核心,旨在通过合理规划和技术实施,构建稳定、高效且满足用户需求的系统。这一过程涵盖需求分析、架构设计、编码实现、测试部署等多个阶段。设计师需深入理解业务需求,制订合理方案;开发者则依据设计方案,运用编程技术实现系统功能。

随着技术的不断进步,系统设计与开发更加注重用户体验、数据安全和性能优化。同时,敏捷开发、云计算、大数据等新技术的融合,为系统设计与开发带来了更大的可能性,本章首先介绍软件工程的背景和软件过程模型,然后按照软件过程依次介绍软件需求分析、软件设计、软件测试技术、软件运维技术等内容。

本章学习目标
(1) 理解软件工程的发展历史,掌握软件过程模型;
(2) 掌握软件需求分析和设计方法;
(3) 理解软件测试技术和运维技术。

扩展阅读 5-1 推动国产基础软件加快发展(创新谈)

5.1 软件危机

软件危机,是指随着计算机软件需求的迅速增长,传统的软件生产方式无法满足这种增长,从而导致在软件开发与维护过程中出现一系列严重问题的现象。这一现象自 20 世纪 60 年代中期逐渐凸显,随着计算机技术的飞速发展,软件系统的规模日益庞大、复杂程度不断提高,软件危机的问题也日益严重。

5.1.1 软件危机的背景

在软件危机爆发之前,往往只是为了一个特定的应用而在指定的计算机上设计和编制软件,很少使用系统化的开发方法。然而,随着大容量、高速度计算机的出现,计算机的应用范围迅速扩大,软件开发急剧增长。软件系统的规模越来越大、复杂程度越来越高,软件可靠性问题也越来越突出。这种背景下,传统的个人设计、个人使用的方式不再能满足要求,软件危机爆发。

5.1.2 软件危机的主要表现

（1）软件开发进度难以预测。软件开发项目经常面临延期交付的问题，这不仅降低了软件开发组织的信誉，也给用户带来了极大的不便。

（2）软件开发成本难以控制。软件开发项目的成本经常超出预算，这既影响了项目的经济效益，也给项目的推进带来了困难。

（3）用户对产品功能难以满足。开发人员和用户之间很难沟通，导致开发出的软件产品往往不符合用户的实际需求。

（4）软件产品质量无法保证。软件中的错误难以消除，且很难通过测试发现所有的错误，这给用户的使用带来了极大的风险。

（5）软件产品难以维护。软件产品的维护往往依赖于原始开发人员，一旦开发人员离开，软件产品的维护就会变得异常困难。

5.1.3 软件危机的解决措施

为了解决软件危机，人们提出了一系列解决方案，包括改进软件开发生命周期、采用现代开发工具、加强软件测试、提高软件人员素质以及采用清晰的需求标准等，从而提高了软件开发的效率和质量。

软件危机是计算机软件领域面临的一个重要问题，它的出现给软件开发和维护带来了极大的挑战。然而，通过采取一系列有效的解决措施，可以逐渐缓解软件危机的问题，推动软件产业的健康发展。同时，也应该认识到，软件危机的解决是一个长期的过程，需要不断地探索和实践。

5.1.4 软件工程

软件工程是一门专注于构建和维护高质量、实用且有效的工程学科，是指在软件开发过程中必须遵循的一系列普遍行为和规则，它涵盖了方法、工具和过程三个核心要素。

1. 方法

软件工程中的方法是一个使用定义好的技术集及符号表示来组织软件开发的过程。这些方法回答了"怎样做"的问题，旨在在规定的时间和成本内，开发出符合用户需求的高质量软件。软件工程中的方法主要包括以下几种。

（1）结构化法（面向过程的开发方法）。它的基本思想是"自上而下，逐步求精"，将一个复杂的系统拆分为多个简单的构件。这种方法强调用户至上，系统开发过程工程化、文档化以及标准化。

（2）面向对象方法。这种方法将现实世界中的事物抽象为对象，并通过类和对象之间的关系来描述系统的行为。相比结构化法，面向对象方法具有更好的复用性，并且分析、设计、实现三个阶段的界限不明确。

(3) 面向服务方法。这是面向对象方法的延伸,其服务建模包括服务发现、服务规约和服务实现三个阶段。面向服务方法强调服务的可重用性和可组合性。

(4) 原型法。这种方法通过快速构建软件原型来与用户进行交互,以便更好地理解用户需求。原型法包括抛弃型原型和演变型原型两种类型。

2. 工具

工具是为了运用方法而提供的自动或半自动的软件工程支撑环境。这些工具可以帮助开发人员更高效地完成软件开发任务,包括代码编辑器、集成开发环境(IDE)、版本控制系统、自动化测试工具等。

3. 过程

软件过程是指为了获得高质量的软件所需要完成的一系列任务的框架,它规定了完成各项任务的步骤。软件过程模型包括瀑布模型(waterfall model)、增量与螺旋模型、V 模型、喷泉模型和快速应用开发(RAD)等。这些模型为软件开发提供了不同的结构和指导原则,以便在不同的项目需求和环境下选择最适合的开发方法。

总结来说,软件工程方法论是一个包含方法、工具和过程的综合体系。它旨在帮助开发团队更好地组织和管理软件开发项目,提高开发效率和质量,同时降低风险和成本。通过遵循软件工程方法论,开发团队可以更加系统地进行软件开发,确保软件的质量和可维护性。

5.2 软件过程

软件过程又称软件生命周期(software life cycle,SLC),软件过程模型是软件工程中至关重要的概念,它代表了一系列的活动和步骤,旨在指导软件从需求分析到设计、编码、测试以及维护的全过程。传统的软件生命周期如图 5-1 所示。软件过程模型是一种开发策略,它为软件工程的各个阶段提供了一套规范或范型,确保工程按照预定的目标和路径顺利进行。选择一个合适的软件过程模型对于项目的成功至关重要,因为它基于项目的性质、采用的方法、需要的控制以及要交付的产品的特点。

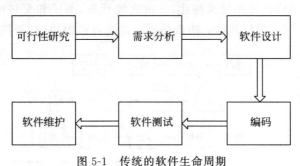

图 5-1 传统的软件生命周期

1. 瀑布模型

瀑布模型(图 5-2)是最早也是应用最广泛的软件过程模型。它采用线性的、顺序的方法来组织软件开发过程,将软件开发划分为需求分析、设计、编码、测试和维护等明确的阶段。每个阶段都有特定的输入和输出,并且前一阶段的输出是后一阶段的输入。瀑布模型的主要优点在于它提供了一个清晰的开发框架,使分析、设计、编码、测试和支持的方法可以在该框架下有一个共同的指导。然而,它的缺点在于缺乏灵活性,难以适应需求的变化。

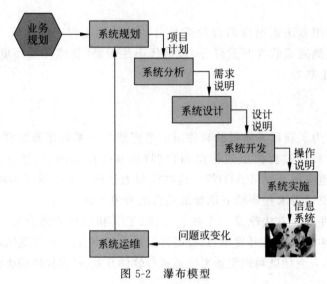

图 5-2　瀑布模型

2. 原型模型

原型模型(prototype model)通过快速构建软件原型来验证需求和设计的正确性。它强调用户的参与和反馈,通过构建原型与用户进行交互,能够更早地获取用户反馈,从而确保软件符合用户需求。原型模型的主要优点在于用户参与度高、需求明确化以及降低开发风险。

3. 增量模型

增量模型(图 5-3)将软件系统模块化,分批次地开发、测试和交付增量组件。该模型灵活性强,可分批交付产品,降低风险;缺点是要求系统可被模块化,否则难以实施。

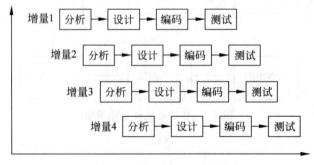

图 5-3　增量模型

4. 螺旋模型

螺旋模型(图 5-4)强调风险分析,通过多次迭代开发,每次迭代都包含需求、设计、开发和验证等阶段。该模型设计灵活,客户参与度高,风险可控;缺点是需要丰富的风险评估经验,迭代多可能增加成本。

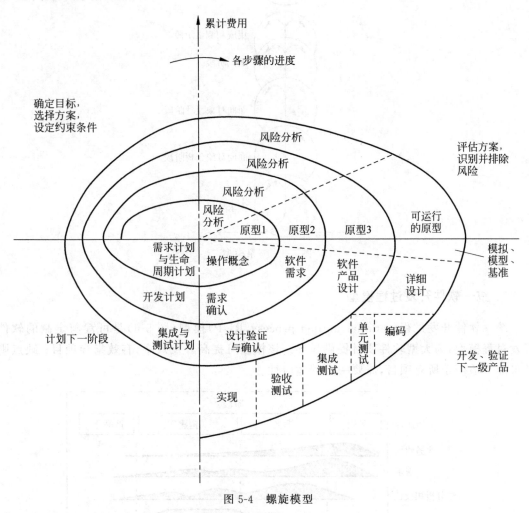

图 5-4　螺旋模型

5. 喷泉模型

喷泉模型(图 5-5)是迭代、无间隙的模型,适用于面向对象的软件开发。该模型开发效率高,节省时间;缺点则是项目难以管理,各阶段重叠。

6. 面向对象开发模型

面向对象开发模型将现实世界的事物抽象为对象,通过类和对象描述系统行为。该模型易维护、质量高、效率高、易扩展;缺点是需要一定的软件支持环境,不适合大型 MIS(管理信息系统)开发。

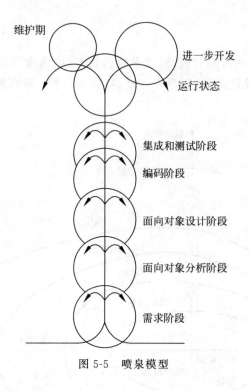

图 5-5 喷泉模型

7. 统一软件开发过程模型

统一软件开发过程(rational unified process,RUP)模型(图 5-6)是可裁剪定制的软件开发过程模型,为大型软件项目提供指导。该模型可提高开发效率,有效指导项目;缺点则是可能不适用于所有项目,需要一定的适应性。

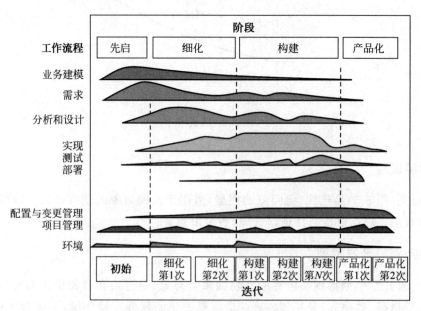

图 5-6 统一软件开发过程模型

8. 迭代模型

迭代模型(iterative model,图 5-7)通过多次迭代来逐步完善软件的开发过程。每次迭代都关注特定的功能或需求,确保软件的质量和性能不断提升。迭代模型的主要优点在于它能够较好地适应需求的变化,通过迭代和反馈机制及时调整开发计划和方向。此外,它还能够将风险分散到各个周期中,降低整体风险。

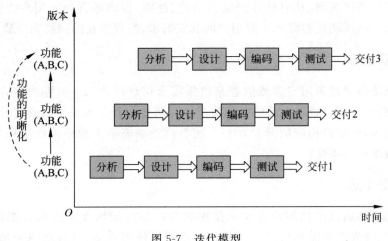

图 5-7 迭代模型

9. 敏捷开发模型

敏捷开发模型(agile development model)是一种强调快速响应变化、高度协作和迭代开发的软件开发过程模型。它采用轻量级的方法论和工具,通过频繁的迭代和反馈机制,及时调整开发计划和方向。敏捷开发模型的主要优点在于能够快速适应需求的变化,确保软件满足市场和用户的实际需求。

5.3 软件需求分析

软件需求分析是软件开发过程的关键起始阶段,旨在深入理解用户需求、业务目标及潜在约束,将抽象需求转化为具体、可衡量的功能需求和非功能需求(如性能、安全、易用性等)。通过访谈、问卷调查、原型设计等方法收集信息,确保软件解决方案满足用户期望,为后续的设计、开发、测试及部署奠定坚实的基础。

5.3.1 软件需求分析方法

软件需求分析是软件开发过程中的重要环节,它决定了软件产品的质量和开发效率。以下是几种常见的软件需求分析方法。

1. 原型法

原型法是通过快速构建软件原型来捕获和验证用户需求的方法。在原型法中,开发人员首先根据用户需求构建一个简单的软件原型,然后与用户进行交互,根据用户的反馈不断修改和完善原型,直到满足用户需求。原型法能够快速响应用户需求的变化,提高需求分析的准确性。

2. 访谈法

访谈法是通过与用户进行面对面的交流来获取需求信息的方法。在访谈过程中,开发人员需要准备好访谈提纲,针对软件产品的功能、性能、界面等方面向用户提问,并认真记录用户的回答。访谈法能够深入了解用户的真实需求,发现潜在的问题和矛盾。

3. 问卷调查法

问卷调查法是通过向用户发放问卷来收集需求信息的方法。问卷中包含关于软件产品的各种问题,用户可以根据自己的实际情况填写问卷。开发人员可以通过分析问卷结果来了解用户需求,并制订相应的开发计划。问卷调查法能够大规模地收集用户需求,提高需求分析的效率和准确性。

4. 场景分析法

场景分析法是通过模拟用户在实际使用软件产品时的场景来获取需求信息的方法。在场景分析中,开发人员需要与用户一起定义不同的使用场景,并针对每个场景进行详细的分析和讨论,从而确定用户的需求和期望。场景分析法能够帮助开发人员更好地理解用户需求,提高软件产品的易用性和满意度。

5.3.2 系统流程图

系统流程图是描述系统操作过程或处理过程的一种工具,它用图形的方式表示系统的逻辑功能、信息流向、处理过程和数据存储等。系统流程图通常包括以下几个部分。

(1) 处理过程:用矩形表示,代表系统对数据的处理或转换功能。

(2) 数据流:用带箭头的线段表示,代表数据在系统中的流动方向。

(3) 数据存储:用双线矩形或圆圈表示,代表系统内部的数据存储结构或文件。

(4) 数据源和数据潭:表示系统外部的数据来源和去向,通常用带箭头的线段指向或离开系统流程图。

系统流程图有助于开发人员清晰地了解系统的逻辑结构和数据流向,为后续的设计和开发提供基础。

5.3.3 数据流图

数据流图(data flow diagram,DFD)是描述系统中数据流动和处理过程的图形化工具。它主要由以下几个元素组成。

(1) 数据流:用带箭头的线段表示,代表数据在系统中的流动方向。

(2) 处理过程:用圆形或圆角矩形表示,代表系统对数据进行处理或转换的功能。

(3) 数据存储：用双线矩形或圆圈表示，代表系统内部的数据存储结构或文件。

(4) 数据源和数据潭：表示系统外部的数据来源和去向，通常用带箭头的线段指向或离开数据流图。

数据流图有助于开发人员理解系统中数据的流动和处理过程，发现数据流动中的瓶颈和潜在问题，为优化系统设计提供依据。

5.3.4 数据字典

数据字典是描述系统中数据属性的工具，它包含了关于数据的详细信息和定义。数据字典通常包括以下几个部分。

(1) 数据项：描述系统中每个数据项的名称、类型、长度、取值范围等信息。

(2) 数据结构：描述系统中数据之间的组合关系，如记录、文件、数据库等。

(3) 数据流：描述数据流图中数据流的数据来源、去向、数据类型等信息。

(4) 数据存储：描述系统中数据存储的结构、存储介质、存储位置等信息。

数据字典为开发人员提供了关于系统数据的详细信息和定义，有助于开发人员理解数据的含义和用途，确保数据的一致性和准确性。

5.3.5 ER 图

ER 图（实体-关系图）是描述数据库中实体及其关系的一种图形化工具。它主要由以下几个元素组成。

(1) 实体集：用矩形表示，代表系统中的实际对象或概念，如用户、产品等。

(2) 关系：用菱形表示，代表实体集之间的联系或约束，如一对多、多对多等。

(3) 属性：用椭圆形表示，代表实体集或关系的特性或特征，如用户 ID、用户名等。

ER 图有助于开发人员清晰地了解数据库的结构和关系，为数据库设计提供基础。同时，ER 图也可以作为数据字典的一部分，为开发人员提供关于数据库中数据的详细信息和定义。

5.3.6 状态图

状态图（state diagram）是描述系统或对象在不同状态下的行为和转换关系的图形化工具。它主要由以下几个元素组成。

(1) 状态（state）：用圆角矩形表示，代表系统或对象在某个时刻所处的状态。

(2) 转换（transition）：用带箭头的线段表示，代表系统或对象从一个状态转换到另一个状态的过程。转换上通常标注触发条件和转换结果。

(3) 事件（event）：触发状态转换的外部或内部刺激，包括信号事件、调用事件、改变事件和时间事件等。

(4) 动作（action）：状态转换时执行的操作或行为，通常是原子性的、不可中断的。

软件需求分析是确保项目成功的关键步骤，通过采用合适的分析方法和图形表示技术,可以有效地捕捉和定义用户需求,为后续的软件开发奠定坚实的基础。不同的分析技术和图形工具有其特定的应用场景与优势,实际应用中应根据项目的特性和需求灵活选择。

5.4 软件设计

在软件开发过程中,软件设计是至关重要的一环。它决定了软件系统的结构、功能和性能,是软件开发的基石。本节将详细介绍软件设计方法,包括软件总体设计、软件详细设计和软件开发技术等。

5.4.1 软件总体设计

总体设计是软件开发过程中的一个重要阶段,它的主要目的是回答"概括地说,系统应该如何实现"这个问题。总体设计也被称为概要设计或初步设计,它将软件需求转化为软件体系结构,确定系统级接口、全局数据结构和数据库模式。

1. 必要性

总体设计是站在全局角度,从抽象的层次分析对比多种可能性的系统实现方案和软件结构,从中选出最佳方案和最合理的软件结构。其必要性主要体现在以下几个方面。

(1) 降低成本:通过总体设计,可以在开发初期就发现潜在的问题和缺陷,从而避免在后期进行大量的修改和重构,降低开发成本。

(2) 提高质量:经过精心设计的软件系统通常具有更好的结构、更高的可维护性和可扩展性,从而提供更好的用户体验和更高的软件质量。

(3) 缩短开发周期:通过总体设计,可以明确开发目标和任务,合理规划开发进度,从而缩短开发周期。

2. 总体设计过程

总体设计通常包括两个阶段:系统设计阶段和结构设计阶段。

1) 系统设计阶段

(1) 确定系统具体实现方案:在这一阶段,需要明确系统的功能需求、性能需求、安全需求等。开发人员会与开发团队、用户和其他利益相关者进行充分的沟通与协商,以确保系统的需求得到全面、准确的理解和满足。

(2) 提出物理实现方案:系统设计阶段需要设想供选择的方案,并根据实际情况和用户需求,选取合理的方案,推荐最佳方案。这些方案可能包括不同的技术选择、硬件配置、软件架构等。

(3) 模块划分与调用:尽管在这一阶段每个物理元素(如程序、文件、数据库等)仍然处于黑盒子级,但系统设计会初步划分出组成系统的这些物理元素,并确定它们之间的调用关系。

2)结构设计阶段

(1)确定软件结构:在结构设计阶段,开发人员会进一步细化软件结构,确定软件由哪些模块组成以及这些模块之间的动态调用关系。这通常涉及模块的详细设计、接口定义、数据结构定义等。

(2)模块独立原理:结构设计阶段需要遵循模块独立原理,即软件应该由一组完成相对独立的子功能的模块组成,这些模块之间的接口关系应该尽量简单。这有助于提高软件的可维护性、可扩展性和可重用性。

(3)详细设计:在结构设计阶段,开发人员会进行更加详细的设计工作,如定义数据结构和功能模块、设计算法、设计界面等。这些详细设计成果将作为后续编码和测试的基础。

3. 设计原则

在软件设计过程中,需要遵循一些基本的设计原则,以确保软件系统的质量和可维护性。以下是一些常用的设计原则。

(1)开闭原则:对扩展开放,对修改封闭。这意味着软件应该通过扩展来实现新的功能,而不是通过修改已有的代码来实现。

(2)单一职责原则:一个类应该只有一个引起变化的原因。这有助于降低类的复杂度,提高代码的可读性和可维护性。

(3)接口隔离原则:使用多个专门的接口比使用单一的总接口要好。这可以降低接口之间的耦合度,提高系统的灵活性和可扩展性。

(4)依赖倒置原则:要依赖于抽象,而不是具体实现。这可以降低类之间的耦合度,提高系统的可测试性和可维护性。

(5)里氏替换原则:子类必须能够替换其基类。这确保了子类在继承基类时不会破坏原有系统的功能。

4. 总体设计原理

在软件设计过程中,还需要运用一些具体的设计技巧来提高软件的质量和可维护性。

(1)模块化:将程序划分成独立命名且可独立访问的模块,每个模块完成一个子功能。这有助于降低代码的复杂度,提高代码的可读性和可维护性。

(2)抽象:抽出事物的本质特性,暂不考虑细节。这有助于我们关注问题的本质,忽略不必要的细节,从而提高设计的效率和准确性。

(3)信息隐藏:每个模块的实现细节对于其他模块来说是隐藏的。这有助于降低模块之间的耦合度,提高系统的可维护性和可扩展性。

(4)面向对象设计:运用面向对象的思想和方法来设计软件系统,如封装、继承、多态等。这有助于提高软件的可重用性和可维护性。

总体设计的两个阶段——系统设计阶段和结构设计阶段——在软件开发过程中起着至关重要的作用。系统设计阶段确定了系统的具体实现方案和物理元素,而结构设计阶段则进一步细化了软件结构,确保了软件的可维护性、可扩展性和可重用性。通过这两个阶段的精心设计和规划,可以确保软件开发的顺利进行,并最终交付高质量的软件产品。

5.4.2 软件详细设计

软件详细设计是软件开发过程中的一个重要阶段,它主要关注软件系统的具体实现细节。软件详细设计是指在软件开发或系统工程的生命周期中,按照需求规格说明书在概要设计的基础上,对软件或系统的具体实现细节进行详细的说明和编排。其主要目的是为代码编写和测试提供具体指导,以最小限度地降低某些功能的实现复杂性、减少漏洞,提高代码的可读性和可维护性,同时也为项目管理提供了明确的阶段符号。

1. 详细设计过程

软件模块结构设计:根据概要设计中所设计的系统模块,详细设计对所涉及的所有模块进行更加细致的分析和设计。给出各个模块的组成、功能、输入输出等细节描述。

数据结构设计:根据需求规格说明书和概要设计中指定的所有数据要素,详细地设计相应的数据元素和数据结构。

界面设计:通过对用户界面的规范,详细描述所有涉及的界面,包括输入字段、按钮、菜单等。

输入输出数据格式设计:根据需求规格说明书和概要设计中指定的数据输入输出格式,详细地描述所涉及的所有数据的格式,包括输入值、数据类型、输出数据、计算规则等。

非功能性要素设计:设计如性能、安全性、可靠性、可用性等非功能性要素的规格说明。

2. 过程设计工具

在软件详细设计中,通常会使用以下工具来帮助描述和实现设计。

(1) 程序流程图:使用方框表示处理步骤,菱形表示逻辑条件,箭头表示控制流向。其优点是结构清晰、易于理解,但缺点是只能描述执行过程而不能描述有关的数据。

(2) 问题分析图(problem analysis diagram,PAD):一种改进的图形描述方式,比程序流程图更直观,结构更清晰。PAD可以反映和描述自顶向下的历史与过程,并支持递归使用。

(3) 盒图:也称为方框图,是一种强制使用结构化构造的图示工具。其特点包括功能域明确、不可能任意转移控制、容易确定局部和全局数据的作用域等。

(4) 伪码:也称PDL(program design language),是一种描述模块内部具体算法的语言。它外层语法确定、内层语法不确定,可以根据系统情况和设计层次灵活选用。

3. 软件详细设计说明书

软件详细设计说明书是在软件开发过程中编写的一份文档,用于描述软件系统的设计细节和实现方案。该文档通常包括引言、系统架构设计、模块设计、接口设计、数据库设计、测试计划等部分。在编写详细设计说明书时,需要确认需求和概要设计,确定详细设计的范围,按照模块逐一撰写,考虑系统上下文和交互,定义关键数据结构,进行界面设计,并描述测试计划。

软件详细设计是软件开发过程中的一个重要环节,它为软件开发提供了具体的指导和具体实现细节,同时保证了程序的维护和可测试性,以确保系统的质量和可靠性。通过详细的设计和规划,可以确保软件开发的顺利进行,并最终交付高质量的软件产品。

5.4.3 软件开发技术

软件开发技术涵盖了多个方面,从基础编程语言到高级的开发框架和工具,以及软件测试、部署和维护等。

1. 编程语言

编程语言是软件开发的基础,用于编写和构建软件应用程序。目前,市场上存在多种编程语言,每种语言都有其特点和适用场景。

(1) Java:以其跨平台性和稳定性广泛应用于企业级应用开发。

(2) Python:以其简洁易读和丰富的库资源在数据分析、人工智能等领域占据一席之地。

(3) C++:用于开发系统级软件、游戏引擎等高性能应用。

2. 开发工具

开发工具帮助开发者更高效地进行开发工作,包括但不限于以下几种。

(1) 集成开发环境:如 Eclipse、PyCharm 等,提供代码编辑、编译、调试等一站式服务。

(2) 版本控制系统:如 Git,帮助开发者管理代码版本,协同工作。

(3) 调试工具:用于在开发过程中发现和修复错误。

3. 软件架构与设计模式

软件架构是软件系统的整体结构,而设计模式是解决常见问题的最佳实践。

(1) MVC(Model-View-Controller)架构:将软件分为模型、视图、控制器三部分,实现业务逻辑与界面展示的分离。

(2) 设计模式:如工厂模式、单例模式等,提供了解决常见问题的标准方法。

4. 数据库技术

数据库技术是软件系统中不可或缺的一部分,用于存储和管理数据,主要包括以下两种。

(1) 关系型数据库:如 MySQL、Oracle,通过表格结构存储数据,支持复杂的查询操作。

(2) 非关系型数据库:如 MongoDB、Redis,以其灵活的数据结构和高性能在特定场景下发挥优势。

5. 软件测试

软件测试是确保软件质量的重要手段,包括以下几种。

(1) 单元测试:验证代码的正确性。

(2) 集成测试:检查模块间的协同工作。

(3) 系统测试：评估整个软件系统的性能和稳定性。

6. 软件部署与运维

软件部署与运维是软件生命周期中的最后阶段，包括以下几种。
(1) 软件发布：将软件发布到目标环境。
(2) 部署：将软件安装到目标服务器或设备上。
(3) 监控：实时了解软件的运行状态，及时发现并解决问题。
(4) 维护：对软件进行更新、修改、优化，以满足用户需求。

7. 其他技术

除了上述技术外，软件开发还涉及其他技术，具体如下。
(1) 云计算技术：利用云计算平台提供的资源和服务进行软件开发与部署。
(2) 容器化技术：如 Docker，用于实现应用程序的轻量级虚拟化。
(3) 人工智能技术：在软件开发中引入人工智能技术，提高软件的智能化水平。

综上所述，软件开发技术涵盖了多个方面，包括编程语言、开发工具、软件架构与设计模式、数据库技术、软件测试、软件部署与运维等。掌握这些技术对于软件开发人员来说至关重要，它们共同构成了软件开发的基础和核心。

5.5 软件测试技术

软件测试技术是软件开发过程中不可或缺的一部分，它贯穿整个软件开发生命周期，旨在尽早发现软件产品中的潜在问题，确保软件质量满足用户需求。

5.5.1 软件测试技术概述

1. 软件测试的定义

软件测试是使用人工或自动化工具对软件产品(包括阶段性产品)进行验证和确认的活动过程，其目的在于尽快、尽早地发现软件产品中所存在的各种问题，如与用户需求、预先定义的不一致性等。软件测试人员的基本目标是发现软件中的错误，并写成测试报告交给开发人员修改。简单来说，软件测试就是验证软件是否按照设计要求运行，并找出其中的错误和缺陷。

2. 软件测试的目的

(1) 验证软件是否满足需求：确保软件的功能、性能、安全性等方面都符合用户需求和设计要求。
(2) 发现软件中的错误和缺陷：通过测试找出软件中的错误和缺陷，为后续的修复和改进提供依据。
(3) 提供软件质量信息：通过测试评估软件的质量水平，为软件开发团队提供决策支持。

3．软件测试的原理

（1）测试的局限性：测试可以证明缺陷存在，但不能证明缺陷不存在。因为软件测试无法覆盖所有的可能性和输入组合，所以无法完全证明软件没有缺陷。但是，通过合理的测试策略和方法，可以尽可能地发现软件中的错误和缺陷。

（2）穷尽测试的不可能性：在有限的时间和资源下，进行穷尽测试是不可能的。由于软件的功能和特性是复杂的，而且随着软件版本的更新和变化，测试的难度也会不断增加，且范围不断扩大。因此，需要采用合理的测试策略和方法，选择具有代表性的测试用例进行测试。

（3）缺陷集群性：大多数缺陷往往只存在于测试对象的极小部分中，这些缺陷是集群分布的。因此，如果在一个地方发现了很多缺陷，那么通常在附近会有更多的缺陷。这个原理可以帮助测试人员更加有针对性地进行测试。

（4）测试与上下文关联：测试必须与应用程序的运行环境和使用中固有的风险相适应。因此，没有两个系统可以以完全相同的方式进行测试。对于每一个软件系统，测试出口准则等应当根据它们使用的环境分别量体定制。

5.5.2 软件测试流程

（1）需求分析：梳理清楚需要设计的测试点，包括需求来源、需求规格说明书、API 文档、竞品分析、个人经验等。

（2）设计用例：根据需求设计测试用例，即用户为了测试软件的某个功能而执行的操作过程。

（3）评审用例：对当前的测试用例进行添加或删除，确保测试用例的有效性和覆盖性。

（4）配置环境：为被测对象配置所需的执行环境，包括操作系统、服务器软件、数据库、软件底层代码的执行环境等。

（5）执行用例：执行测试用例，包括冒烟测试（快速验证软件核心功能或主体执行流程）和全面测试。

（6）回归测试及缺陷跟踪：在修复软件缺陷后，进行回归测试以确保问题已解决，并对缺陷进行状态跟踪。

（7）输出测试报告：对测试过程中产生的数据进行可视化的输出，形成测试报告。

（8）测试结束：整理归档测试过程中产生的文档，方便后期版本使用。

5.5.3 软件测试技术的分类

软件测试方法是确保软件质量、验证软件是否满足规定需求或预期结果的一系列技术和过程。

1．按是否关心软件内部结构和具体实现划分

（1）白盒测试（结构测试、透明盒测试、开放盒测试）：依据被测软件分析程序内部构造，并根据内部构造分析用例，来对内部控制流程进行测试，测试对象为程序中函数、算法与数据结构等。常用技术有静态分析(包括控制流分析、数据流分析、信息流分析)和动态分析(如逻辑覆盖测试、程序插装等)。

白盒测试需要测试人员了解软件的实现,能够检测代码中的每条分支和路径,揭示隐藏在代码中的错误,对代码的测试比较彻底;缺点则是投入较大、成本高。

(2) 黑盒测试(功能测试、数据驱动测试):把测试对象看成一个黑盒,只考虑其整体特性,不考虑其内部具体实现过程。测试对象主要为程序的系统、子系统、模块、子模块、函数等。常用方法有等价类划分法、边界值分析法、因果图分析法、判定表法、状态迁移法等。

黑盒测试对于更大的代码单元来说比白盒测试效率要高,有助于暴露任何规格不一致或有歧义的问题;缺点则是不能控制内部执行路径,会有很多内部程序路径没有被测试到。

(3) 灰盒测试:介于白盒测试和黑盒测试之间,既利用被测对象的整体特性信息,又利用被测对象的内部具体实现信息。一般集成测试采用灰盒测试方法。

2. 按是否执行程序划分

(1) 静态测试:不运行被测试的软件系统,而是采用其他手段和技术对被测试软件进行检测。常用技术为静态分析技术(如控制流分析、数据流分析和信息流分析),目的主要为纠正软件系统在描述、表示和规格上的错误。

(2) 动态测试:通过运行被测试程序,对得到的运行结果与预期的结果进行比较分析,同时分析运行效率和健壮性能等。其主要步骤分为构造测试实例、执行程序以及分析结果。

3. 其他测试方法

(1) 单元测试:对软件的最小可测试单元进行检查和验证。

(2) 集成测试:在单元测试的基础上,将所有模块按照设计要求组装成为子系统或系统,进行集成测试。

(3) 系统测试:将已经确认的软件、计算机硬件、外设、网络等其他元素结合在一起,进行信息系统的各种组装测试和确认测试。

(4) 验收测试:部署软件之前的最后一个测试操作,也称交付测试,确保软件准备就绪,满足原始需求。

4. 自动化测试和手工测试

(1) 自动化测试:利用软件测试工具自动实现全部或者部分测试工作,节省测试开销,并能完成一些手工测试无法实现的测试。

(2) 手工测试:由测试人员根据设计的测试用例,手动执行测试并观察结果。

以上测试方法在不同的测试阶段和场景下各有侧重,根据项目的实际情况和需求选择合适的测试方法对于确保软件质量至关重要。

5.5.4 软件测试工具

软件测试工具包括 LoadRunner、JMeter、selenium、Appium、Postman、Fiddler、SoapUI、 loadUI、QTP、禅道等。这些工具分别用于负载测试、压力测试、Web 应用程序测试、自动化测试、网页调试、HTTP（超文本传输协议）调试抓包、Web Service 测试、企业级负载测试、自动测试以及项目管理等。

软件测试技术是软件开发生命周期中不可或缺的一部分。同时，软件测试也需要与项目管理和开发团队密切合作，确保测试工作的高效进行和项目的顺利推进。随着软件技术的不断发展和应用领域的不断拓展，软件测试技术也将不断演进和创新，为软件产业的发展提供更加坚实的支持。

5.6 软件运维技术

随着信息技术的飞速发展和企业数字化转型的深入推进，软件运维技术日益受到重视，并在各行各业中得到了广泛应用。本节将从软件运维技术的定义、重要性、应用场景、挑战及解决方法等方面进行详细介绍。

5.6.1 软件运维技术概述

软件运维技术，也称运营技术（operational technology，OT），是一个涵盖软件整个生命周期的综合性技术领域，包括规划、部署、配置、监控、调试、优化和维护等一系列活动。软件部署是将软件项目从开发环境转移到生产环境，并确保其稳定运行的过程；而运维则是确保软件在生产环境中持续、稳定、高效地运行的一系列技术和管理活动的总称。软件运维旨在保证软件系统的可用性、可靠性、安全性和性能，以满足用户需求和实现业务目标。在软件运维过程中，需要运用各种技术手段和工具，如监控工具、自动化工具、安全工具等，以提高运维效率和系统稳定性。

软件运维技术在企业运营中发挥着至关重要的作用。首先，软件运维技术能够确保软件系统的稳定性和可靠性，减少系统故障和停机时间，提高用户满意度和业务连续性。其次，软件运维技术通过优化系统性能，提升系统的响应速度、吞吐量和可扩展性，支撑企业业务的快速发展。此外，软件运维技术还能够保障系统的安全性，防范和应对恶意攻击和数据泄漏等安全威胁，保护用户数据并保障系统的完整性。最后，软件运维技术通过不断的监控、分析和优化，发现潜在问题并提出改进建议，推动企业数字化转型和创新发展。

软件运维技术在各行各业中都有广泛的应用场景。在制造行业企业中，IT 运维管理系统、软件或工具可以帮助企业实现设备管理的自动化和智能化，提高设备利用率和生产效率；实现供应链管理的数字化和智能化，优化库存管理和物流配送；实现人员管理的规范化和高效化，提高工作效率和员工满意度。在电商平台中，软件运维技术通过实时监控服务器负载、响应时间等指标，确保平台的稳定运行；实施弹性扩容策略，解决流量突增问题；通过自动化监控系统实时监测应用的运行状态，提高应用的稳定性和性能。在金融机构中，软件运维技术通过加密和访问控制等手段保障数据安全；支持自动化合规审计，确保企业始终处于合规状态。在移动应用中，软件运维技术通过性能测试和调优等手段优化应用性能，提升用户体验。

5.6.2 软件部署的关键技术

软件部署涉及软件项目本身、配置文件、用户手册、帮助文档等的收集、打包、安装、配置、发布等环节。软件部署的流程通常包括以下几个阶段。

（1）准备阶段：确定软件部署的目标环境、硬件配置、软件依赖等，制订详细的部署计划。

（2）打包阶段：将软件项目及其相关文件打包成可部署的文件包，确保文件包的完整性和可移植性。

（3）安装阶段：将打包好的文件包安装到目标环境中，并进行必要的配置和设置。

（4）测试阶段：对安装好的软件进行功能测试、性能测试等，确保软件在生产环境中正常运行。

（5）发布阶段：将测试通过的软件正式发布到生产环境中，供用户使用。

常用的软件部署关键技术有以下几种。

（1）版本控制：通过版本控制系统（如 Git、SVN 等）对软件项目进行版本管理，确保在部署过程中使用正确的软件版本。

（2）自动化部署：利用自动化部署工具（如 Ansible、Puppet 等）实现软件的自动化安装、配置和发布，提高部署效率。

（3）容器化技术：采用容器化技术（如 Docker、Kubernetes 等）将软件项目及其运行环境打包成独立的容器，实现快速部署和迁移。

5.6.3 软件运维的关键技术

运维人员需要负责软件的日常监控、故障排查、性能优化、安全加固等工作，确保软件满足业务需求并保持良好的用户体验。常用的软件运维技术有以下几种。

（1）监控技术：利用监控工具（如 Zabbix、Nagios、Prometheus 等）对软件的运行状态、性能指标等进行实时监控，及时发现并解决问题。

（2）日志管理：通过日志管理工具（如 ELK Stack、Graylog 等）对软件的运行日志进行收集、存储、分析和查询，为故障排查和系统优化提供有力的支持。

（3）自动化运维：利用自动化运维工具（如 Ansible、SaltStack 等）实现软件的自动化配置、更新、扩展等功能，提高运维效率并降低人为错误的风险。

（4）容灾备份：建立完善的容灾备份方案，确保在硬件故障、自然灾害等突发事件发生时能够快速恢复软件的正常运行。

（5）安全加固：通过防火墙、入侵检测系统、加密通信等措施保护软件的安全性，防止恶意攻击和数据泄露等安全事件的发生。

5.6.4 软件运维技术的挑战及解决方法

软件运维技术在实际应用中面临的挑战是多方面的，这些挑战涵盖技术、管理、安全及人才等多个层面。

1．技术层面的挑战

（1）系统复杂性的增强：随着企业业务的不断扩展和系统的不断升级，软件系统的复杂性逐渐增强。这使运维人员在面对系统故障或性能问题时，需要更深入地了解系统的各个组成部分和它们的交互关系，从而增加了解决问题的难度。

（2）新技术的不断涌现：云计算、大数据、人工智能等新技术的发展为软件运维带来了新的机遇，但同时也带来了挑战。运维人员需要不断学习新技术、掌握新工具，以适应技术的快速发展。

（3）自动化和智能化的挑战：虽然自动化和智能化运维可以提高运维效率，但在实际应用中，如何合理设计和实施自动化运维策略，如何确保自动化运维系统的稳定性和可靠性，都是运维人员需要面对的挑战。

因此，企业需要保持对新技术的学习和探索，积极引入新技术和工具来提高运维效率与系统稳定性，加强与其他部门和团队的沟通与协作，共同推动企业的数字化转型及创新发展。

2．管理层面的挑战

（1）跨平台管理和协调能力的挑战：随着多云和混合云环境的广泛应用，运维团队需要面对不同云服务商之间的技术差异、网络延迟、数据迁移等问题。这需要运维团队具备更强的跨平台管理和协调能力。

（2）业务需求的快速变化：企业的业务需求随着市场的变化不断调整，运维团队需要快速响应和适应业务的变化，保障系统的稳定性和高效性。这对运维团队的响应速度和灵活性提出了更高要求。

（3）知识管理和传承的挑战：随着企业规模的扩大和人员流动的增加，如何有效地管理和传承运维知识成为一个挑战。建立知识库、定期进行知识分享会议、制订培训计划等措施可以帮助解决这一问题。

为此，在实际应用中，企业应建立标准的软件部署和运维流程，规范操作步骤和注意事项，降低人为错误的风险；需要关注系统状态、运行效率和数据安全等方面的问题，并通过合适的监控、维护和优化手段来保证系统的高效、稳定运行。

3．安全层面的挑战

（1）网络安全威胁的升级：随着网络安全威胁的不断升级，运维软件的安全性和合规性得到了更多关注。如何确保系统和数据的安全，防止恶意攻击和数据泄漏等安全威胁，是运维团队需要面对的重要挑战。

（2）合规性要求的提高：随着各国对数据安全和个人隐私保护的法规不断完善，运维软件也需要满足更加严格的合规性要求。这对运维团队的安全审计和风险评估能力提出了更高要求。

为应对以上挑战，企业可以加强数据加密和访问控制等安全措施，建立完善的安全管理制度和应急预案，加强合规审计和监管等方面的工作。

4．人才层面的挑战

（1）运维人才短缺：随着企业对运维技术要求的提高，运维人才的需求也在不断增加。然而，目前市场上具备丰富经验和技能的运维人才相对短缺，这给企业的运维工作带来了挑战。

（2）运维人员的技能需要提升：随着技术的不断发展，运维人员需要不断学习新知识和掌握新技能，以适应新的工作需求。然而，由于工作繁忙和缺乏学习机会等原因，许多运维人员难以跟上技术发展的步伐。

企业应建立专业的软件部署和运维团队，提高团队成员的技能水平和协作能力，定期组织团队成员进行技术培训和交流学习，提高团队成员的技能水平和应对挑战的能力。企业也需要不断学习和探索新技术和新工具以适应新的挑战和需求，推动企业的数字化转型和创新发展。

 思考题

1. 简述总体设计的原则。
2. 简述软件测试技术分类。
3. 列举五种软件过程模型。

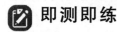 即测即练

第 6 章

UI 设计

UI 设计,也称界面设计,是一种专注于软件、移动应用、游戏、网站等的人机交互、操作逻辑和界面美观的整体设计。UI 设计旨在提升用户体验和用户满意度,使用户在使用产品时能够轻松、高效地完成操作,并享受到愉悦的视觉体验。本章在对 UI 设计相关概念进行介绍的基础上,通过不同的项目展示了 UI 设计的内容和方法,包括设计目标、设计原则、设计流程、交互设计(interaction design,IXD)和界面设计。

本章学习目标
(1) 理解 UI 设计目标与原则;
(2) 理解 UI 设计的工作流程(瀑布模型);
(3) 理解图形界面设计和交互设计;
(4) 通过实例理解 UI 界面可视化设计与实现。

6.1 基 本 概 念

6.1.1 定义

UI 设计是指对软件的人机交互、操作逻辑、界面美观的整体设计。UI 设计分为实体 UI 和虚拟 UI,互联网常用的 UI 设计是虚拟 UI,UI 即 User Interface(用户界面)的简称。UI 设计并不仅仅是关于颜色、图像或布局的美学,而是研究如何让网站、应用程序或任何其他类型的产品在与目标用户交互时,让其使用起来更加便捷、易于理解、愉快和有效。

6.1.2 基本原理和原则

UI 设计原理涵盖了多个方面,包括格式塔原理、心理学原理及简洁性原则等,这些原理和原则共同指导着如何创建用户友好、直观且高效的界面。

(1) 格式塔原理是一组心理学基础上的设计原则,它们帮助设计师通过视觉元素的组织和排列来引导用户的注意力,提高界面的可读性和易用性。这些原理包括以下几种。

接近性法则:邻近的元素被视为一个整体或组。

相似性法则:外观相似的元素被视为属于同一组。

连续性法则：视觉倾向于将线条和形状感知为连续的整体。

封闭性原理：分散的元素被感知为封闭的物体。

主体/背景原理：元素被区分为主体和背景，其中主体占据主要注意力。

共同命运原理：一起运动的物体被感知为属于一组或彼此相关。

（2）心理学原理在 UI 设计中也扮演着重要角色，它们基于人类大脑如何处理信息和感知世界的方式。例如，交互设计背后的心理学原理包括时间感知：系统的响应度对用户满意度至关重要，通过进度条等方式让用户感知到系统正在运作。

用户注意力管理通过格式塔原理和心理学原理的结合，有效地引导用户的注意力到界面上的关键信息。

（3）简洁性原则强调减少不必要的元素和复杂度，使界面更加直观和易于使用。例如，扁平化设计趋势旨在减少视觉层次和复杂度，提升用户体验。

综上所述，UI 设计是一个综合性、不断发展的领域，它涉及艺术、心理学、技术和用户研究等多个方面的应用，旨在为用户创建出既美观又实用、既便捷又舒适的交互界面。

6.2 UI 设计目标与原则

6.2.1 设计目标

UI 设计的目标是使用户界面尽可能地简洁、直观、易用，以提供良好的用户体验。下面是几个常见的 UI 设计目标。

（1）简洁清晰：一个好的 UI 设计应该遵循"简洁即美"的原则，取消不必要的装饰和复杂的布局，让用户一眼就能理解界面的功能和操作方式。清晰简洁的 UI 设计可以减轻用户的思考负担、提高用户的使用效率。

（2）易用性：UI 设计的目标之一是使用户能够轻松、快速地完成任务。设计师应该考虑用户的心理模型和使用习惯，将界面的交互方式设计得符合用户的预期，避免让用户猜测、记忆和学习如何使用。

（3）一致性：UI 设计应该保持界面元素的一致性，包括图标、按钮、颜色、字体等。保持一致性可以使用户更容易理解和识别界面，降低学习成本，提高用户的使用效率。

（4）可访问性：UI 设计应该考虑到不同用户的特殊需求和使用方式。设计师应该为视力障碍者、听力障碍者、老年人和残疾人等用户提供友好的界面，使他们能够方便地访问和使用应用程序或网站。

（5）吸引力：UI 设计应该考虑到用户的审美感受，使用适当的颜色、字体和图像，以及有吸引力的界面布局，吸引用户的注意力，增加用户的满意度。

（6）反馈机制：UI 设计应该为用户提供及时的反馈，以帮助他们了解自己的操作是否成功，以及当前的系统状态。例如，在用户单击后，界面应该立即提供按钮已被单击的视觉反馈，以告诉用户他们的操作已被系统接受。

（7）可扩展性：UI 设计应该考虑到未来的功能扩展和升级。设计师应该为界面留下足够的空间，以便在需要时添加新的功能或模块，而不会破坏整体布局和一致性。

（8）用户信任：UI设计应该建立用户对产品的信任感。良好的UI设计可以让用户感到舒适和安全,通过提供简单、直观和可靠的界面,减少用户的错误和失误。

总而言之,UI设计的目标是提供优秀的用户体验,使用户能够轻松、愉快地完成任务,并建立起对产品或服务的信任感。通过合理的布局、清晰的导航、简洁的视觉效果和友好的交互方式,UI设计可以帮助用户更好地理解和使用产品,提高用户的满意度和忠诚度。

6.2.2 设计原则

1. 一致性

界面的结构必须清晰且一致,风格必须与产品内容相一致。对于相同的问题,提供相同的解决方案,减轻用户的认知及记忆负荷,一旦确定一个设计模式,打造更符合直觉的产品体验显得相当重要。一致的设计能够让用户对于你的设计模式更快认知、熟悉,并且在此基础上快速适应整体的体验。

（1）设计目标一致。软件中往往存在多个组成部分（组件、元素等）,不同组成部分之间的交互设计目标需要一致。例如：如果以电脑操作初级用户作为目标用户、以简化界面逻辑为设计目标,那么该目标需要贯彻软件（软件包）整体,而不是局部。

（2）元素外观一致。交互元素的外观往往影响用户的交互效果。同一个（类）软件采用一致风格的外观,对于保持用户焦点、改进交互效果会有很大帮助。遗憾的是如何确认元素外观一致没有特别统一的衡量方法。因此,需要对目标用户进行调查取得反馈。

（3）交互行为一致。在交互模型中,不同类型的元素用户触发其对应的行为事件后,其交互行为需要一致。例如：所有需要用户确认操作的对话框都至少包含确定和取消两个按钮。对于交互行为一致性原则比较极端的理念是相同类型的交互元素所引起的行为事件相同,但是我们可以看到虽然这个理念在大部分情况下正确,也的确有相反的例子证明不按照这个理念设计,会更加简化用户操作流程。

2. 清晰明了

坚持以用户体验为中心设计原则,界面直观、简洁,操作方便、快捷,用户接触软件后对界面上对应的功能一目了然,不需要太多培训就可以方便使用应用系统。界面的简洁是要让用户便于使用、便于了解产品,并能降低用户发生错误选择的可能性。按钮和操作的标签文字指向性要明确,保持清晰的信息传递,让用户能够快速弄明白交互的指向性。清晰应该是所有UI界面都具备的基本属性。UI界面存在的目的是让用户能够更便捷地同你的系统进行交互,不要在UI设计中使用冗长、复杂、难以记住的文本标签,越复杂就越会影响整体的用户体验。

3. 布局合理化

在进行UI设计时需要充分考虑布局的合理化问题,遵循用户从上而下、自左向右的浏览、操作习惯,避免常用业务功能按键排列过于分散,以造成用户鼠标移动距离过长的弊端。多做"减法"运算,将不常用的功能区块隐藏,以保持界面的简洁,使用户专注于主要业务操作流程,有利于提高软件的易用性及可用性。

4. 记忆负担最小化

用户体验设计的一个重要目标是让用户能够凭借直觉来操作 UI 界面。UI 设计师要让用户对界面产生"熟悉感",能够自然地理解其中的内容,如果设计师能利用好用户对于交互和界面模式的熟悉来进行设计的话,能让用户更快上手操作。

5. 操作人性化

高效率和用户满意度是人性化的体现。用户可依据自己的习惯定制界面,并保存设置。一个优秀的 UI 设计师,从技能上讲,不仅能画图标,还能做好界面,掌握很多交互知识。优秀的 UI 设计有个共同的特征:高效。提升界面效率最有效的方法是进行任务分析,熟悉用户的流程,了解用户的目标,然后在此基础上尽量简化流程,使得用户便捷、快速地达成目标。UI 界面的响应需要足够"人性化",当用户单击界面元素的时候,用户希望知道他们的操作是否成功,因而合理而快速的界面反馈十分重要。

6.3 UI 设计流程

6.3.1 工作流程

界面设计是指在软件开发过程中,对用户界面进行设计的过程,一个好的界面设计可以提升用户体验、增强用户黏性、提升软件的使用价值。界面设计工作流程如图 6-1 所示。

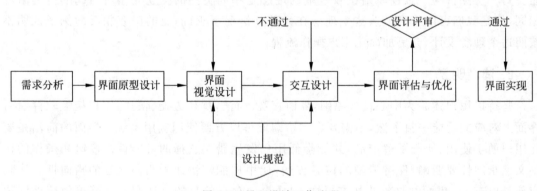

图 6-1　界面设计工作流程

以下是界面设计流程的每一个步骤的具体内容和要求。

1. 需求分析

界面设计的第一步是需求分析。在这一阶段,设计师需要与客户沟通,了解客户的需求和期望;同时,还需要分析目标用户群体的特点和习惯,以及软件的功能和定位。只有充分了解需求,才能进行有效的界面设计。

2．界面原型设计

在需求分析的基础上，设计师需要进行界面原型设计。界面原型是指对界面布局、功能模块、交互方式等方面进行初步设计。这一阶段可以使用专业的界面设计工具进行绘制，也可以通过手绘草图来展示设计思路。通过界面原型设计，可以让客户更直观地了解设计方案，为后续的修改和完善提供参考。

3．界面视觉设计

界面设计的视觉效果对用户体验具有重要影响。在界面视觉设计阶段，设计师需要确定界面的整体风格和配色方案，设计各个模块的样式和图标，以及选择合适的字体和排版方式。视觉设计不仅要美观大方，还要符合软件的定位和用户群体的喜好，提升用户的审美感受和使用愉悦度。

4．交互设计

界面设计不仅是静态的外观，还需要考虑用户与软件之间的交互体验。在交互设计阶段，设计师需要确定用户界面的交互方式，包括按钮、菜单、导航等元素的位置和交互逻辑，以及用户操作与软件反馈的流程。良好的交互设计可以让用户更加方便、快捷地使用软件，提高用户满意度。

5．界面评估与优化

界面设计完成后，需要进行评估和优化。设计师可以邀请一些代表性用户进行体验测试，收集他们的反馈意见和建议。根据用户的反馈，设计师可以对界面进行相应的调整和优化，以提高界面的易用性和用户满意度。

6．界面实现

界面设计的最后一步是界面实现。设计师需要将最终的界面设计方案转化为实际的软件界面。在这一过程中，需要与开发人员密切合作，确保界面的实现效果与设计方案一致。同时，还需要对界面进行不断的调试和优化，以保证软件的界面质量。

界面设计是软件开发过程中不可或缺的一部分，它直接关系到用户体验和软件的使用价值。通过以上的界面设计流程，可以帮助设计师更加系统和有序地进行界面设计工作，提高设计效率和设计质量，为软件的成功上线打下坚实的基础。

6.3.2 交互设计

交互设计，是定义、设计人造系统的行为的设计领域，它定义了两个或多个互动的个体之间交流的内容和结构，使之互相配合，共同实现某种目的。交互设计努力去创造和建立的是人与产品及服务之间有意义的关系，以"在充满社会复杂性的物质世界中嵌入信息技术"为中心。交互系统设计的目标可以从"可用性"和"用户体验"两个层面进行分析，关注以人为本的用户需求。

1. 设计原则与准则

认知心理学为交互设计提供基础的设计原则。这些原则包括心智模型(mental model)、感知/现实映射原理(mapping)、比喻(metaphor)以及可操作暗示(affordance)。

1) 原则

(1) 功能可视性越好,越方便用户发现和了解使用方法。

(2) 反馈与活动相关的信息,以便用户继续下一步操作。

(3) 在特定时刻显示用户操作,以防误操作。

(4) 准确表达控制及其效果之间的关系。

(5) 保证同一系统的同一功能的表现及操作一致。

(6) 充分、准确的操作提示。

2) 准则

(1) 伦理的(能体谅人,有帮助),不伤害、改善人的状况。

(2) 有意图的,能帮助用户实现他们的目标和渴望。

(3) 注重实效,帮助委托的组织实现它们的目标。

(4) 优雅的:最简单的完整方案、拥有内部的一致性、合适的容纳和情感。

2. 设计流程

1) 分析阶段

需求分析:对于一个产品来说,必然有对用户需求的分析内容,更多的是从MRD(市场需求文档)与PRD(产品需求文档)获得,或者从产品需求评审会议上得到需求分析的内容,当然可以直接与产品经理交流获得相关产品需求。如果说设计原则是所有设计的出发点的话,那么用户需求就是本次设计的出发点。

用户场景模拟:好的设计建立在对用户深刻了解之上。因此用户使用场景分析就很重要,了解产品的现有交互以及用户使用产品习惯等,但是设计人员在分析的时候一定要站在用户角度思考:如果我是用户,这里我会需要什么?

竞品分析(聆听用户心声):竞争产品能够上市并且被UI设计者知道,必然有其长处。每个设计者的思维都有局限性,看到别人的设计会有触类旁通的好处。当市场上存在竞品时,听听用户的评论,哪怕是批评的声音,不要沉迷于自己的设计中,让真正的用户说话。

2) 设计阶段

设计阶段采用面向场景、面向事件驱动和面向对象的设计方法。面向场景是模拟产品在不同环境下的使用情况。面向事件驱动是设计产品响应与触发事件的功能,如提示框、提交按钮等。面向对象则是考虑不同用户群对产品的需求差异,产品设计需针对特定用户群体。

3) 配合阶段

UI设计师交出产品设计图时,更多地与配合开发人员、测试人员进行截图配合。配合开发人员对于 PSD 格式的图片切图操作,对于不同的开发人员的要求,切图方式也有不同,UI 设计师需配合相关的开发人员进行最适合的切图。

4) 验证阶段

产品出来后,UI 设计师需对产品的效果进行验证,与当初设计产品时的想法是否一致、是否可用、用户是否接受,以及与需求是否一致,都需要 UI 设计师验证。UI 设计师是将产品需求用图片展现给用户最直接的经手人,对于产品的理解会更加深刻。

6.4　UI 设计实例

本节将以微信小程序为例介绍界面设计流程。界面设计一般从需求分析出发,了解功能需求、设计步骤梳理、低保真原型设计、确定界面交互逻辑和主题风格、高保真原型设计,最后根据原型设计实现整个界面。

6.4.1　界面结构

本案例是一个面向高校师生的船舶知识在线学习平台微信小程序,界面采用九宫格和列表式相结合的布局方式,界面的结构跳转如图 6-2 所示。

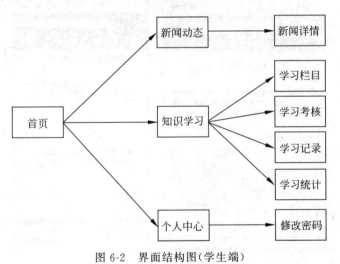

图 6-2　界面结构图(学生端)

6.4.2　低保真原型设计

低保真原型图是指在产品设计和开发早期阶段创建的粗糙、简化的原型。它通常用来快速探索和验证设计概念,而不是详细描述最终产品的外观和功能。低保真原型图通常包括基本的布局、结构和交互元素,但不包括详细的视觉设计或复杂的交互功能。船舶知识在线学习平台低保真原型设计如图 6-3 和图 6-4 所示。

图 6-3 首页与发展就业页(低保真)

图 6-4 新闻详情与发展历程页(低保真)

6.4.3 高保真原型设计

高保真原型是指在设计和开发过程中使用的近乎真实、具有高度可交互性的原型。它模拟了最终产品的外观、布局、交互流程和动效,并且通常包含视觉和交互细节。相比低保真原型或简单的线框图,高保真原型更加真实、具体,能以更多细节展示产品的功能和交互效果。高保真原型设计是设计过程中的一个重要阶段,用于验证和改进设计方案,以便更好地满足用户需求和期望。船舶知识在线学习平台高保真原型设计如图 6-5 和图 6-6 所示。

图 6-5　首页与发展就业页(高保真)

图 6-6　新闻详情与发展历程页（高保真）

 思考题

1. 如果你是一名 UI 设计人员，在设计过程中如何平衡设计原则和用户需求之间的关系？
2. 一个优秀的 UI 设计作品，你觉得需要具备哪些特点？

即测即练

第 7 章 Web 前端开发技术

随着互联网技术的普及与飞速发展,Web 技术也在同步发展,并且应用领域越来越广。WWW(World Wide Web)已经成为当今时代不可或缺的信息传播载体。全球范围内的资源互通互访、开放共享已经成为 WWW 最具有实际应用价值的领域。Web 前端开发主要包含三大技术:描述网页内容的 HTML,描述网页样式的 CSS,以及描述网页行为的脚本语言 JavaScript。除了这三大技术外,目前的 Web 前端开发还要用到 React、Vue、Ember 等多种框架,而新的框架不断涌现,前端技术正蓬勃发展。

本章学习目标
(1) 掌握 HTML 文档的基本结构;
(2) 理解 CSS 的概念和特点;
(3) 理解 JavaScript 程序的概念和应用。

7.1 HTML 概述

HTML 是超文本标记语言,而不是编程语言。HTML 是 Web 页面的结构,并且使用标记来描述网页。网页的内容包括标题、副标题、段落、无序列表、定义列表、表格、表单等。HTML 是 SGML(Standard Generalized Markup Language,标准通用标记语言)下的一个应用(也称为一个子集),也是一种标准规范,它通过标记符号来标记要显示的网页中的各个部分。SGML 是一种定义电子文档结构和描述其内容的国际标准语言,是所有电子文档标记语言的起源。

HTML 文档是用来描述网页并且由 HTML 标记和纯文本构成的文本文件。Web 浏览器可以读取 HTML 文档,并以网页的形式显示出它们。例如在 Chrome 浏览器的 URL 中输入网址"http://www.edu.cn",所看到的网页就是浏览器对 HTML 文档进行解释的结果,如图 7-1 所示。

扩展阅读 7-1 2024 年 2 月前端技术新动态:迈向现代化的全速前进

右击网页的任何位置,从弹出的快捷菜单中选择"查看网页源代码"命令,如图 7-2 所示。其中<head>、<meta>、<title>、<link>等都是 HTML 的标记,浏览器能够正确地理解这些标记,并呈现给用户。

图 7-1　中国教育和科研计算机网的首页

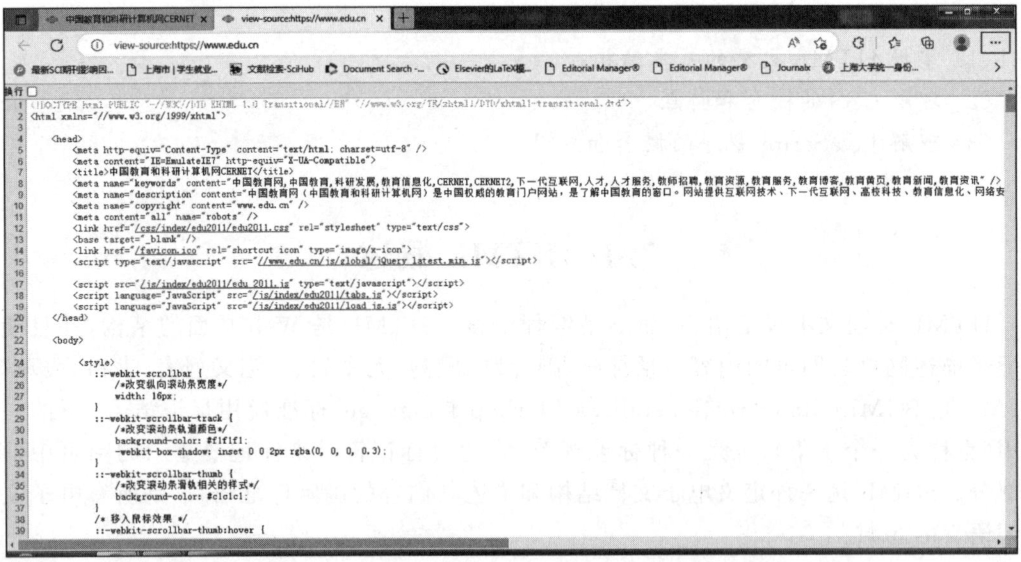

图 7-2　中国教育和科研计算机网首页的源代码

7.1.1　HTML 文档的结构

　　HTML 文档由头部 head 和主体 body 两部分组成。在头部 head 标记中可以定义标题、样式等，头部信息不显示在网页上；在主体 body 标记中可以定义段落、标题字、超链接、脚本、表格、表单等元素，主体内容是网页要显示的信息。

　　HTML 文档的基本结构如下：

```
头部 head
< html lang = "en">
< head >
    < meta charset = "UTF-8">
    < meta name = "Keywords" content = "">
    < meta name = "Description" content = "">
    < title > Web 网页标题</title >
</head >
主体 body
< body >
    ...
</body >
</html >
```

HTML 文档以< html >标记开始,以</html >标记结束。所有的 HTML 代码都位于这两个标记之间。浏览器根据 HTML 文档类型和内容来解释整个网页,然后呈现给用户。一般情况下,每个 HTML 文档都应该有且只有一个 html、head 和 body 元素。

代码 7-1　HTML 文档的基本结构展示(图 7-3)

```
<!--
    程序名称:edu_7_1.html
    程序功能:HTML 文档结构
    设计人员:web 前端开发工程师
    设计时间:2024/7/31
-->
<!doctype html >
< html lang = "en">
    < head >
        < meta charset = "UTF-8">
        < title >HTML 文档结构</title >
        < style type = "text/css">
            p{font-size:24px; /* 定义字体大小 */}
        </style >
    </head >
    < body >
        < P >HTML 文档结构由 head、body 标记组成</p>
        < h3 >标题字 h3 </h3 >
        < hr size = 3 color = "red">
        < a herf = "http://www.baidu.com">百度</a>
        < script type = "text/javascript">
            document.write("这是简单的网页!");        //向页面输出信息
        </script >
    </body >
</html >
```

1. 头部 head

HTML 文档的头部 head 标记主要包含页面标题标记、元信息标记、样式标记、脚本标记、链接标记等。头部 head 标记所包含的信息一般不会显示在网页上。

图 7-3　HTML 文档的基本结构展示

1) 标题 title 标记

（1）基本语法：

```
<title>标题信息显示在浏览器的标题栏上</title>
```

（2）语法说明：

title 标记是成对标记，<title>是开始标记，</title>是结束标记，两者之间的内容为显示在浏览器的标题栏上的信息。

代码 7-2　标题 title 标记的应用（图 7-4）

```
<!-- edu_7_2.html -->
<!doctype html>
<html lang = "en">
    <head>
        <meta charset = "UTF-8">
        <title>页面标题</title>
    </head>
    <body>
        页面标题显示在浏览器的标题栏上
    </body>
</html>
```

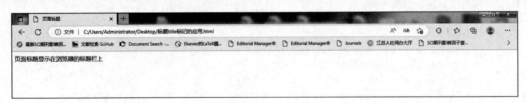

图 7-4　标题 title 标记的应用

2) 元素 meta 标记

meta 标记用来描述一个 HTML，网页文档的属性，也称元信息（meta-information），这些信息并不会显示在浏览器的页面中，如作者、日期和时间、网页描述、关键词、页面刷新等。meta 标记是单个标记，位于文档的头部，其属性定义了与文档相关联的"名称/值"对。

（1）meta 标记。

基本语法：

```
< meta name "" content = "">
< meta http - equiv = "" content = "">
```

(2) 属性说明。

name 属性与 content 属性。name 属性用于描述网页,它是"名称/值"形式中的名称,name 属性的值所描述的内容通过 content 属性表示,便于搜索引擎机器人查找、分类,其中最重要的是 description、keywords 和 robots。

http-equiv 属性与 content 属性。http-equiv 属性用于提供 HTTP 的响应头报文,它回应给浏览器一些有用的信息,以帮助浏览器正确、精确地显示网页内容。它是"名称/值"形式中的名称,http-equiv 属性的值所描述的内容通过 content 属性表示。meta 标记的属性、取值及说明如表 7-1 所示。

表 7-1 meta 标记的属性、取值及说明

属 性	取 值	说 明
name	author	定义网页作者
	description	定义网页简短描述
	keywords	定义网页关键词
	generator	定义编辑器
http-equiv	content-type	内容类型
	expires	网页缓存过期时间
	refresh	刷新与跳转(重定向)页面
	set-cookie	如果网页过期,那么存盘的 cookie 将被删除
content	some_text	定义与 http-equiv 或 name 属性相关的元信息

(3) meta 标记的使用方法。

① name 属性设置:

```
<!-- edu_7_2_1.html -->
< meta name = "keywords" content = "信息参数"/>
< meta name = "description" content = "信息参数"/>
< meta name = "author" content = "信息参数"/>
< meta name = "generator" content = "信息参数"/>
< meta name = "copyright" content = "信息参数">
< meta name = "robots" content = "信息参数">
```

robots 告诉搜索引擎机器人抓取哪些页面。robots 属性的取值及说明如表 7-2 所示。

表 7-2 robots 属性的取值及说明

取 值	说 明
all	文件将被检索,且页面上的链接可以被查询
none	文件将不被检索,且页面上的链接不可以被查询
index	文件将被检索
noindex	文件将不被检索,但页面上的链接可以被查询
follow	页面上的链接可以被查询
nofollow	文件将被检索,但页面上的链接不可以被查询

② http-equiv 属性设置：

```
<meta http-equiv = "cache-control" content = "no-cache">;
<meta http-equiv = "refresh" content = "时间;url=网址参数">
<meta http-equiv = "content-type" content = "text/html;charset=信息参数"/>
<meta http-equiv = "expires" content = "信息参数"/>
```

第 1 行说明禁止浏览器从本地计算机的缓存中访问页面内容，同时访问者将无法脱机浏览。第 2 行说明多长时间网页自动刷新，加上 URL 中的网址参数就代表多长时间自动链接其他网址。第 3 行中的 content-type 代表的是 HTTP 的头部，它可以向浏览器传回一些有用的信息，以帮助浏览器正确、精确地显示网页内容，与之对应的属性值为 content，content 中的内容其实就是各个参数的变量值。第 4 行设置 meta 标记的 expires（期限），可以用于设定网页在缓存中的过期时间。一旦网页过期，必须到服务器上重新传输。网页到期时间的设置如下：

```
<meta http-equiv = "expires" content = "Fri 12 Jan 2001 18:18:18 G">
<meta charset = "UTF-8">
```

代码 7-3　元素 meta 标记的应用（图 7-5）

```
<!-- edu_7_3.html -->
<!doctype html>
<html lang = "en">
    <head>
        <title>中国教育和科研计算机网 CERNET</title>
        <meta charset = "UTF-8">
        <meta content = "IE = EmulateIE7" http-equiv = "X-UA-Compatible">
        <meta name = "keywords" content = "中国教育网,中国教育,科研发展,教育信息化,CERNET,CERNET2,下一代互联网,人才,人才服务,教师招聘,教育资源,教育服务,教育博客,教育黄页,教育新闻,教育资讯"/>
        <meta name = "description" content = "中国教育网(中国教育和科研计算机网)是权威的教育门户网站,是了解中国教育的对内、对外窗口。网站提供关于中国教育、科研发展、教育信息化、CERNET 等新闻动态、最新政策,并提供教师招聘、高考信息、考研信息、教育资源、教育博客、教育黄页等全面多样的教育服务。"/>
        <meta name = "copyright" content = "www.edu.cn" />
        <meta name = "robots" content = "all" />
    </head>
    <body>
        <p>这是中国教育和科研计算机网的头部部分标记的应用</p>
    </body>
</html>
```

2. 主体 body

主体 body 是一个 Web 页面的主要部分，其设置内容是读者实际看到的网页信息。所有 HTML 文档的主体部分都是由 body 标记定义的。在主体 body 标记中可以放置网页中所有的内容，例如图片、图像、表格、文字、超链接等元素。

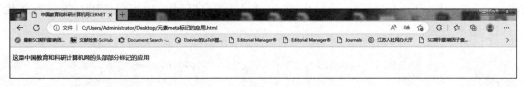

图 7-5　元素 meta 标记的应用

1) body 标记

（1）基本语法：

```
<body>
这是网页的内容…
</body>
```

（2）语法说明：

<body>是开始标记，</body>是结束标记，两者之间所包括的内容为网页上显示的信息。

代码 7-4　主体 body 标记的应用（图 7-6）

```
<!-- edu_7_4.html -->
<!doctype html>
<html lang = "en">
<head>
<meta charset = "UTF-8">
    <title>简易网页设计</title>
    <style type = "text/css">
        p{text-indent:2em; /*首行缩进两个字符*/}
    </style>
</head>
<body text = "green">
        <h3 align = "center">web 前端开发技术课程简介</h3>
        <p>"Web 前端开发技术"课程是计算机科学与技术,信息管理与信息系统、软件工程等专业的一门基础课程,也是其他计算机相关专业的公共基础课程,通过对 Web 前端开发三门主流技术的学习和研究,让学生理解和掌握 Hmml、Javascript、css 等相关知识,通过实验培养学生设计与开发 web 站点的基本操作技能。</p>
    </body>
</html>
```

图 7-6　主体 body 标记的应用

2) body 标记的属性

设置 body 标记的属性可以改变页面的显示效果。该标记的属性主要有 topmargin、

leftmargin、text、bgcolor、background、link、alink、vlink。在 HTML5 中可以使用 CSS 属性替代。

(1) 基本语法:

```
<body leftmargin="50px" topmargin="50px" text="#000000" bgcolor="#339999"
link="blue" alink="white" vlink="red" background="body_image.jpg">
```

(2) 属性说明：body 标记的属性、取值及说明如表 7-3 所示。

表 7-3 body 标记的属性、取值及说明

属性	取值	说明
text	rgb(r,g,b) rgb(r%,g%,b%) #rrggbb 或 #rgb colorname	rgb 函数(整数)，r、g、b 的取值范围为 0~255。 rgb 函数(百分比)，r、g、b 的取值范围为 0~100。 十六进制数据(6 位或 3 位)，例如 #rrggbb 或 #rgb。r、g、b 为十六进制数，取值范围为 0~9，A~F。#3F0 可转换为 33FF00。 颜色的英文名称，例如 red、green、blue 等
bgcolor	同上	规定文档的背景颜色。不赞成使用
alink	同上	规定文档中活动链接的颜色。不赞成使用
link	同上	规定文档中未访问链接的默认颜色。不赞成使用
vlink	同上	规定文档中已被访问链接的颜色。不赞成使用
background	URL	规定文档的背景图像。不赞成使用
topmargin	pixel	规定文档中上边距的大小
leftmargin	pixel	规定文档中左边距的大小

代码 7-5 主体 body 标记属性的应用(图 7-7)

```
<!-- edu_7_5.html -->
<!doctype html>
<html lang="en">
    <head>
        <meta charset="UTF-8">
        <title>body 属性应用</title>
        <meta name="Generator" content="EditPlus">
        <meta name="Author" content="储久良">
        <style type="text/css">
            div{background:#99CCCC;width:500px;height:150px;}
        </style>
    </head>
    <body text="rgb(00,00,00)" bgcolor="#F0F0F0" background="" link="rgb(0%,100%,0%)" alink="white" vlink="red" topmargin="60px" leftmargin="60px">
        <div id="" class="">
            <p>欢迎访问我们的站点,我们为您提供网站地图。</p>
            网站导航:
            <a href="http://www.baidu.com">百度</a>
            <a href="http://www.163.com">网易</a>
            <a href="http://www.sina.com">新浪</a>
            <a href="http://www.sohu.com">搜狐</a>
        </div>
    </body>
</html>
```

图 7-7　主体 body 标记属性的应用

7.1.2　HTML 基本语法

HTML 文档结构主要由若干标记构成，随着页面复杂程度的不同，所使用的标记数量和标记展性设置也不相同。掌握 HTML 标记语法和属性语法是设计 Web 页面的基础。

1. 标记的类型

HTML 标记是由尖括号包围的关键词，用于说明指定内容的外貌和特征，也可称为标签(Tag)，本书统一约定为标记。<html></html>、<head></head>、<body></body>、
、<hr>等都是标记。标记通常分为单(个)标记和双(成对)标记两种类型。

1) 单(个)标记

仅使用单个标记就能够表达特定的意思，称为单(个)标记。W3C(万维网联盟)定义的新标准(XHTML1.0/HTML4.01)建议单个标记以"/"结尾，即<标记名称/>。

(1) 基本语法：

<标记名称>或<标记名称/>

(2) 语法说明：最常用的单标记有
、<hr>、<link>。
、
表示换行。<hr>、<hr/>表示水平分隔线，<link>表示链接标记。

2) 双(成对)标记

HTML 标记通常是成对出现的，如和。标记对中的第一个标记是开始标记(也称为首标记)，第二个标记是结束标记(也称为尾标记)。

(1) 基本语法：

<标记名称>
内容
</标记名称>

(2) 语法说明。

内容：被成对标记说明特定外貌的部分。

例如，<html>与</html>之间的文本描述网页。<body>与</body>之间的文本是可见的页面内容。表示重要文本标记让浏览器将内容"表示重要文本"以标准粗体方式显示。

2. HTML 属性

HTML 使用标记来描述网页，浏览器根据标记解释标记所包含内容的效果。每一个标记均定义一个默认的显示效果，这些默认效果是通过标记的附加信息（也称为属性 Attribute）来定义的。如果要修改某一个效果，那就需要修改该标记的附加信息。

例如，段落 p 标记默认内容是居左对齐，如果需要将段落居中对齐显示，只需要设置对齐 align 属性。其代码如下：

```
<palign="center">这个段落居中显示</p>
```

（1）基本语法：

```
<标记名称属性名1="属性值1"属性名2="属性值2"…属性名n="属性值n"></标记名称>
```

（2）语法说明：

属性应在开始标记（首标记）内定义，且与首标记名称之间至少留一个空格。例如在上例的 p 标记中，align 为属性，center 为属性值，属性与属性值之间通过赋值号"="连接，属性值可以直接书写，也可以使用双引号（""）括起来。多个属性/值对之间至少留一个空格。

作为 Web 前端开发工程师应该养成良好的编写属性/值对的习惯，建议统一为属性值加上双引号，即

```
属性名n="属性值n"
<palign=center>这个段落居中显示</p>
```

代码 7-6 标记语法及属性语法的应用（图 7-8）

```
<!-- edu_7_6.html -->
<!doctype html>
<html lang="en">
    <head>
        <meta charset="UTF-8">
        <title>标记语法及属性语法应用</title>
        <style type="text/css">
            h2 {text-align:center;background:#6699FF;padding:20px;}
            p{text-indent:2em;}
        </style>
    </head>
    <body background="" text="red">
        <h2 align="center">新 年 寄 语</h2>
        <hr size="2" color="#6600FF" width="100%"/>
        <p align="left">轻轻送上我真诚的祈求和祝愿，祈求分别的时光像流水瞬间逝去，祝愿再会时，紧握的手中溢满友情和青春的力量。</p>
        <p align="right">有一种跌倒叫站起，有一种失落叫收获，有一种失败叫成功—坚强些，朋友，明天将属于你!</p>
    </body>
</html>
```

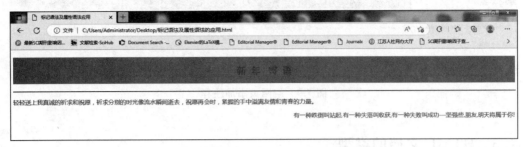

图 7-8　标记语法及属性语法的应用

3. 注释

为了提高代码的可读性、可维护性,作为 Web 前端开发工程师,必须养成良好的编程习惯。通过注释标记给脚本代码或样式定义增加注释文本信息,可以给 Web 编程人员阅读和理解代码提供帮助,为后期软件的维护和升级奠定基础。用户可以使用锯齿格式编写代码,即代码向右缩进 4 个字符,也可自定义缩进量。

在 HTML 代码中插入注释标记可以提高代码的可读性。浏览器不会解释注释标记,注释标记的内容也不会显示在页面上。

在 HTML 代码中添加注释的方法有两种,即<!--注释信息-->和<comment>注释信息</comment>。但第二种方法在很多浏览器(Chrome 等)中会显示在页面上,所以不建议采用。

(1) 基本语法:

```
<!-- 注释信息 -->
基本语法
<!-- 显示一个段落 -->
```

(2) 语法说明:以左尖括号和感叹号的组合(<!--)开始,以右尖括号(-->)结束。

【代码 7-7】　给网页添加注释(图 7-9)

```
<!-- edu_7_7.html -->
<!doctype html>
<html lang = "en">
    <head>
        <meta charset = "UTF-8">
        <title>注释应用</title>
    </head>
    <body>
        <!-- 显示一个段落 -->
        <p>这是一个段落</p>
        <script type = "text/javascript">
            document.write("HTML 注释的应用");
        </script>
    </body>
</html>
```

图 7-9　给网页添加注释

7.1.3　HTML 文档的类型

Web 世界中存在许多不同的文档,只有了解了文档的类型,浏览器才能正确地显示文档。HTML 也有多个不同的版本,只有完全明白页面中使用的确切 HTML 版本,浏览器才能正确地显示出 HTML 页面。

1. <! doctype>标记

doctype 是 Document Type 的英文缩写,<! doctype>标记不是 HTML 标记。此标记可告知浏览器文档使用哪种 HTML 或 XHTML 规范。<! doctype>声明位于文档中最前面的位置,处于<html>标记之前。

(1) 基本语法:

```
<! doctype element - name DTD - type DTD - name DTD - url>
```

(2) 语法说明:<! doctype>表示开始声明文档类型定义(Document Type Definition,DTD),其中 doctype 是关键字。element-name 指定该 DTD 的根元素名称。DTD-type 指定该 DTD 的类型。若设置为 PUBLIC,则表示该 DTD 是标准公用的;若设置为 SYSTEM,则表示该 DTD 是私人制定的。DTD-name 指定该 DTD 的文件名称。DTD-url 指定该 DTD 文件所在的 URL 地址。＞是指结束 DTD 的声明。

2. HTML5 的 DTD 定义

```
<! doctype html >
```

扩展阅读 7-2
2023 到 2024 年:
前端发展趋势展望

在 HTML 文档中规定 doctype 是非常重要的,这样浏览器就能了解预期的文档类型 HTML4.01 中的 doctype 需要,对 DTD 进行引用,因为 HTML4.01 基于 SGML,HTML5 不基于 SGML,所以不需要对 DTD 进行引用,但是需要用 doctype 来规范浏览器的行为。

7.2　CSS 概述

在设计 Web 网页时采用 CSS 技术,可以有效地对页面的布局、字体、颜色、背景和其他效果实现更加精确的控制。只要对相应的代码做一些简单的修改,就可以改变同一页面的不同部分,或者同一网站的不同页面的外观和格式。采用 CSS 技术是为了解决网页内容与表现分离的问题。

CSS 语言是一种标记语言,不需要编译,属于浏览器解释型语言,可以直接由浏览器解释执行。CSS 标准由 W3C 的 CSS 工作组制定和维护。

7.2.1 CSS 简介

CSS 属于动态 HTML 技术,它扩充了 HTML 标记的属性设置,使得页面显示效果更加丰富、表现效果更加灵活,它与 DIV(图层)配合使用可以很好地对页面进行分割和布局。传统 HTML 网页设计往往是内容和表现混合,随着网站规模不断扩大,无论是修改网页还是维护网站,都显得越来越困难。CSS 对页面元素、布局等能够进行更加精确的控制,同时能够实现内容和表现的分离,使得网站的设计风格趋向统一、维护更加容易。

1. CSS 的基本概念

CSS 也称级联样式表,用来进行网页风格设计。CSS 由哈肯·维姆·莱(Hakon Wium Lie,挪威)和伯特·波斯(Bert Bos,荷兰)于 1994 年共同发明。在设计网页时,采用 CSS 技术可以有效地对页面的布局、字体、颜色、背景和其他效果实现更加精确的控制,只要对相应的代码做一些简单的修改,就可以改变同一页面不同部分的效果,也可以改变同一网站中不同网页的外观和格式。

2. 传统 HTML 的缺点

HTML 标记用来定义文档内容,如通过 b1、p、table 等标记表达"这是标题""这是段落""这是表格"等信息,而文档布局由浏览器完成。随着新的 HTML 标记(如字体标记和颜色属性)添加到 HTML 规范中,要实现页面美观、文档内容清晰、独立于文档表现层的站点变得越来越困难。传统 HTML 的缺点主要体现在以下几方面。

(1) 维护困难。为了修改某个特殊标记的格式,需要花费很多的时间,尤其对于整个网站而言,后期修改和维护的成本很高。

(2) 标记不足。HTML 自身的标记并不丰富,很多标记都是为网页内容服务的,而关于使页面美观的标记,如文字间距、段落缩进等,在 HTML 中很难找到。

(3) 网页过"胖"。由于对各种风格样式没有进行统一控制,用 HTML 编写的页面往往体积过大,占用了很多宝贵的带宽。

(4) 定位困难。在整体布局页面时,HTML 对于各个模块的位置调整显得有限。

3. CSS 的特点

CSS 通过定义标记或标记属性的外在表现对页面结构风格进行控制,分离文档的内容和表现,克服了传统 HTML 的缺点。将 CSS 嵌入页面中,通过浏览器解释执行,因为 CSS 文件是文本文件,只要理解了 HTML,就可以掌握它。

4. CSS 的优势

CSS 称得上 Web 设计领域的一个突破,它的诞生使网站开发者如鱼得水,其具有以下几个优势。

(1) 表现和内容分离。CSS 通过定义 HTML 标记设置如何显示网页的格式,使得页面内容和表现分离,简化了网页格式设计,也使得对网页格式的修改更加方便。

(2) 增强了网页的表现力。CSS 样式属性提供了比 HTML 更多的格式设计功能。例如,可以通过 CSS 样式去掉网页中超链接的下画线,甚至可以为文字添加阴影、翻转效果等。

(3) 使整个网站的显示风格趋于统一。将 CSS 样式定义到样式表文件中,然后在多个网页中同时应用样式表文件中的样式,就可以确保多个网页具有统一的格式,并且可以随时更新样式表文件,实现自动更新多个网页格式的功能,从而大大降低了网站的开发与维护成本。

5. CSS 的编辑方法

编辑 CSS 主要有以下两种方法。

(1) 将 CSS 规则写在 HTML 文件中。根据其位置又可以分为两种形式:一种是写在某个元素的属性部分,作为 style 属性的值;另一种是写在 head 标记中,通过 style 标记包含。

(2) 将 CSS 规则写在单独的文件中。建议采用此种方式,该文件称为 CSS 文件,它是文本文件,可以使用任何编辑器编辑。CSS 文件的扩展名为.css。在需要应用 CSS 规则的多个 HTML 文件中引用该 css 文件,可以实现内容和表现的分离,同时提高网站的可护性。

7.2.2 使用 CSS 控制 Web 页面

CSS 控制 Web 页面是通过 CSS 规则实现的,CSS 规则由选择器和声明组成,声明由属性和属性值对组成。CSS 提供了丰富的选择器类型,包括标记选择器、类选择器、id 选择器、伪类选择器及属性选择器等,能够灵活地对整个页面、页面中的某个标记或一类标记进行样式设置。

1. CSS 基本语法

CSS 是一个包含一个或多个规则的文本文件。CSS 规则由两个主要的部分构成,即选择器(Selector)和声明(Declaration)。选择器通常是需要改变样式的 HTML 元素。声明由一个或多个属性与属性值对组成。属性是 CSS 的关键字,如 font-family(字体)、color(颜色)和 border(边框)等。属性用于指定选择器某一方面的特性,属性值用于指定选择器的特性的具体特征。

(1) 基本语法:

selector{property1: valuel; property2:value2; property3: value3; …}

(2) 语法说明。

① 选择器。选择器可以是 HTML 标记的名称或者属性的值,也可以是用户自定义的

标识符。

② 属性/属性值对。"属性:属性值"必须一一对应，属性与属性值之间必须用":"连接，每个属性/属性值对之间用分号(;)分隔。

③ 属性。在 CSS 中对属性命名与在脚本语言中对属性命名有一点不同，即属性名称的写法不同。在 CSS 中，属性名为两个或两个以上单词的组合时，单词之间以连词符号(-)分隔，如背景颜色属性 background-color；而在脚本中，对象属性则连写成 backgroundColor，如果属性由两个以上的单词构成，则从第 2 个单词开始向后，所有单词的首字母必须大写。

下面是一个简单样式表的示例：

```
p{background-color:red;font-size:20px;color:green;}
```

在上例的 CSS 规则中，p 为选择器，background-color、font-size、color 为属性，red、20px、green 为属性值，该 CSS 规则将 HTML 中的所有段落统一设置成"背景色为红色、字体大小为 20px 字体颜色为绿色"。通常，为了增强样式定义的可读性，建议链行只描述一个属性，格式如下：

```
p{
background-color:red;
font-size:20px;
color:green;
}
```

④ 复合属性。在 CSS 中，有些属性可以表示多个属性的值。例如对于文字的设置有 font-family、font-size、font-style，这些属性可以用一个属性-font 来表示。例如：

```
P{font-style:italic; font-size:20px; font-family:黑体;}
```

可以直接使用 p{font:italic 20px 黑体;}来表示。值得注意的是，使用 font 复合属性在一个声明中设置所有字体属性时，应按照(font-style、font-variant、font-weight、font-size/line-height、font-family)的顺序，可以不设置其中的某个值，如"font:100% verdana;"仅设置了 font-size、font-family 属性，其他未设置的属性会使用其默认值。类似的复合属性还有 border、margin、padding 等。

⑤ 多个属性值。在 CSS 中，有些属性可以设置多个属性值，用逗号(,)分隔。例如：

```
selector{font-family:"楷体_gb2312","黑体","Times New Roman";}
```

该样式表说明可以使用楷体_gb2312、黑体、Times New Roman 这三种字体来设置 selector 的字体效果。若在系统中找不到楷体_gb2312，则使用黑体；若没有黑体，则使用 Times New Roman，即按字体出现的先后顺序优先选择。

⑥ CSS 注释。和其他语言一样，CSS 允许用户在源代码中嵌入注释。CSS 注释被浏览器忽略，不影响网页效果。注释有助于用户记住复杂的样式规则的作用、应用的范围等，便于样式规则的后期维护和应用。CSS 注释以字符"/*"开始，以字符"*/"结束。下面是注释样例：

```
/x 这是多行注释 CSS 文件名:out.css
功能说明:定义样式
*/
/*单行注释    样式    段落 p*/
p{font-size:20px; /*行尾注释 定义字号*/}
```

"/*…*/"这种格式可以单独一行书写,也可以写在语句的后面,可以注释一行,也可以注释多行。另外,注释不能嵌套。

2. CSS 选择器类型

CSS 选择器主要有五种类型,即标记选择器、类选择器、id 选择器、伪类选择器及属性选择器。

1)标记选择器

标记选择器(也可称为"元素选择器")即直接使用 HTML,标记名称作为选择器,它定义的样式作用于页面中所有与选择器同名的标记,前面的示例代码均属于标记选择器,这里不再详细介绍。

2)类选择器

任何合法的 HTML 标记都可以使用 class 属性,class 属性用于定义页面上的 HTML 元素标记组,这些标记组通常具有相同的功能或作用,因此它们可以设置相同的样式规则。

首先创建类,用户需要给它命名,类名可以是任何形式,建议用户以描述性的名称来命名,这样对于整个代码的维护及协同开发有很大帮助。在为类选择名字之后,用户可以通过设置 class 属性为 HTML 标记分配类。如果是多个类,要用空格分隔。HTML 标记可以是多个类的一部分。示例代码如下:

```
<p class="c2">著名诗人</p>
<ol class="cl">
<li class="c2">李白</li>
<li class="c3 c4">杜甫</li>
<li>杜牧</li>
</ol>
```

在 HTML 标记中设置 class 属性之后,用户可以使用它作为 CSS 的类选择器。
类选择器由点号"."及类名称直接相连构成。示例代码如下:

```
.c2{color:red; font-weight:bold;}
.c3{font-style:italic;}
```

标记选择器和类选择器可以联合使用,使用方式是标记选择器与类选择器直接相连,称为联合选择器,可以用来设置特定类中的特定标记。示例代码如下:

```
p.c2{color:green;font-size:20px;}
li.c3{color:red;}
```

在上面的代码中,前者选择所有 class="c2" 的<p>元素,后者选择所有 class="c3" 的

`<li>`元素。

3）id 选择器

HTML 标记的 id 属性与 class 属性类似，可以用于各类标记中，也可以作为 CSS 选择器来使用。id 具有很多限制，只有页面上的标记（body 标记及其子标记）能具有给定的 id。在 HTML 文件内，每个 id 属性的取值必须唯一，且只能用于指定的一个标记。id 属性的取值必须以字母开头，由字母、数字、下画线、连字符组成。如果作为 CSS 选择器使用，通常建议使用字母、数字及下画线的组合作为 id 名称。

id 选择器由"#"及 id 名称直接相连构成。示例代码如下：

```
#right{color:red;text-align:right;font-size:20px;}
<p id="right">使用 id 选择器设置样式。</p>
```

对于 CSS 来说，id 选择器与 class 选择器的功能很相似，但不完全相同。一般来说，class 选择器更加灵活，能实现 id 选择器的所有功能，还能实现更加复杂的功能。如果对样式的可重用性要求较高，应该使用 class 选择器将新元素添加到类中来完成。对于需要唯一标识的页面元素，可以使用 id 选择器。

4）伪类选择器

前面介绍的选择器都是能够与 HTML 中的具体标记对应的，但是像段落的第 1 行、超链接访问前与访问后等，就没有 HTML 标记与之对应，从而也没有简单的 CSS 选择器应用，为此 CSS 引进了伪类选择器。

代码 7-8 伪类选择器展示（图 7-10）

```html
<!-- edu_7_8.html -->
<!doctype html>
<html lang="en">
    <head>
        <meta charset="UTF-8">
        <title>选择器演示</title>
        <style type="text/css">
            a:link{color:gray;text-decoration:none;}
            a:visited{color:blue;text-decoration:none;}
            a:hover{color:red;text-decoration:underline;}
            a:active{color:yellow;text-decoration:underline;}
            p:first-letter{font-weight:bold;font-family:"黑体";}
            p:first-line{font-size:32px;}
        </style>
    </head>
    <body>
            <p>在支持 CSS 的浏览器中，链接的不同状态都可以不同的方式显示,这些状态包括:活动状态,已被访问状态,未被访问状态和鼠标悬停状态。<br>
            注意:a:hover 必须被置于 a:link 和 a:visited 之后,才是有效的;a:active 必须被置于 a:hover 之后,才是有效的。
            </p>
            <a href="http://www.baidu.com">搜索一下:百度</a>
    </body>
</html>
```

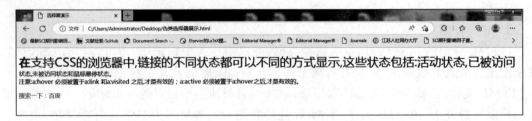

图 7-10 伪类选择器展示

5)属性选择器

除了使用 CSS 的标记、class、id、伪类选择器外,还可以使用属性选择器给带有指定属的 HTML 标记设置样式。

(1)属性选择器。在定义属性选择器时,需要通过方括号"[ ]"将属性包围住,如[target]、[color]。另外,只需要匹配属性名。格式如下:

[属性名]{属性:属性值;属性:属性值;…;}
[title]{color:red;}/*带有 title 属性的所有元素设置样式*/

(2)属性和值选择器。指定属性名,同时指定了该属性的属性值,以指定"属性/值"的所有标记设置样式。如为[class="p1"]的所有段落设置统一样式。格式如下:

[class="p1"]{font-size:24px;color:red;border:5px solid blue;}

(3)多个值的属性和值选择器。可以对具有指定值的 name 属性的所有标记设置样式。其适用于由空格分隔的属性值。格式如下:

(name~=value](backgroud:#FF00CC;)/属性值是以空格分隔的词汇列表中的一个单独的词*/
(name^=value](backgroud:#FF00CC;)/属性值是以 value 开头的*/
(name$=value](backgroud:#FF00CC;)/属性值是以 value 结尾的*/
(name*=value](backgroud:#C3C;)/属性值中包含了 value*/
(name|=value](backgroud:#C3C;)/属性值是 value 或者是以"value-"开头的值*/

代码 7-9 属性选择器的应用(图 7-11)

```
<!-- edu_7_9.html -->
<!doctype html>
<html lang="en">
    <head>
        <meta charset="UTF-8">
        <title>属性选择器的应用</title>
        <style type="text/css">
            [title]{font-size:18px;color:green;}
            p[name="chu"]{font-style:italic;}
            p[name~="chu"]{font-weight:bold;}
            p[name^="chu"]{text-align:center;}
            p[name$="jiu"]{color:blue;}
            p[name*="jiang"]{color:red;text-decoration:underline;}
        </style>
```

```
        </head>
        <body>
            <h3>属性选择器的应用</h3>
            <p title="p1" name="chu">[title][name="chu"]属性和值选择器,绿色、18px、斜体、18 居中</p>
            <p name="jiu chu">[name="jiu chu"]属性值包含指定值的选择器,标粗</p>
            <p name="linchujiu">属性值中以 jiu 结尾的,蓝色</p>
            <p name="changjianghuanghe">属性值中包含 jiang 字符串,红色、下画线</p>
        </body>
</html>
```

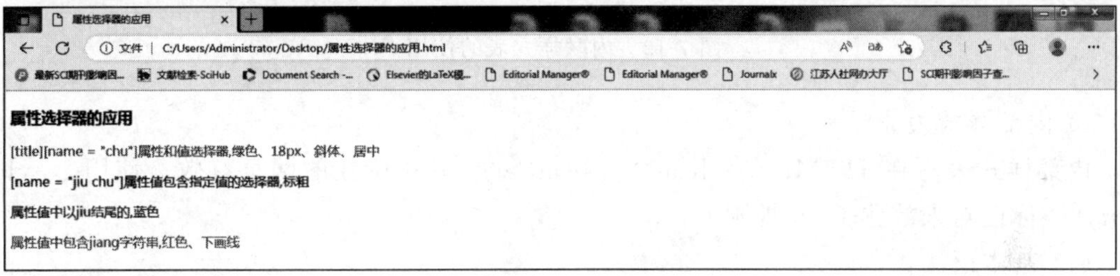

图 7-11 属性选择器的应用

3. CSS 定义与引用

CSS 按其位置可以分为三种,即内联样式表(inline style sheet)、内部样式表(internal style sheet)、外部样式表(link external style sheet)。

1) 内联样式表(行内样式表)

内联样式表的 CSS 规则写在首标记内,只对所在的标记有效。几乎任何一个 HTML 标记上都可以设置 style 属性。属性值可以包含 CSS 规则的声明,不包含选择器。

(1) 基本语法:

```
<标记 style="属性1:属性值1;属性2:属性值2;…">修饰的内容</标记>
```

(2) 语法说明。标记是指 HTML 标记,如 p、h1、body 等标记。标记的 style 定义的声明只对自身起作用。style 属性的值可以包含多个属性/值对,每个属性/值对之间用";"分隔。标记自身定义的 style 样式优先于其他所有样式定义。

代码 7-10 内联样式表的使用(图 7-12)

```
<!-- edu_7_10.html -->
<!doctype html>
<html lang="en">
    <head>
        <meta charset="UTF-8">
        <title>内联样式(Inline Style)</title>
    </head>
    <body>
```

```
            <p style="font-size:20px;font-style:italic;">这个内联样式(Inline style)定义
段落文字大小 20px,文字风格为斜体。</p>
            <p>这段文字没有使用内联样式。</p>
        </body>
</html>
```

图 7-12　内联样式表的使用

2) 内部样式表

内部样式表写在 HTML 的<head></head>中,只对所在的网页有效。使用<style></style>标记对来放置 CSS 规则。

(1) 基本语法:

```
<style type="text/css">
选择器1{属性1:属性值1;属性2:属性值2;…}
选择器2{属性1:属性值1;属性2:属性值2;…}
…
选择器n{属性1:属性值1;属性2:属性值2;…}
</style>
```

(2) 语法说明。style 标记是成对标记,有一个 type 属性,是指 style 元素以 CSS 的语法定义。选择器1、选择器2、……、选择器 n,可以定义 n 个选择器,再定义声明部分。

代码 7-11　内部样式表的使用(图 7-13)

```
<!-- edu_7_11.html -->
<!doctype html>
<html lang="en">
    <head>
        <meta charset="UTF-8">
        <title>内部样式(Internal Style)</title>
        <style type="text/css">
            .int_css{
                border-width:2px;
                border-style:solid;
                text-align:center;
                color:red;
            }
            #h1_css{
                font-size:28px;
                font-style:italic;
            }
        </style>
    </head>
    <body>
```

```
            <h1 class = "int_css">h1 这个标题使用类样式.</h1>
            <h1 id = "h1_css">h1 这个标题使用 id 样式.</h1>
            <h1>h1 这个标题没有使用样式.</h1>
        </body>
</html>
```

图 7-13　内部样式表的使用

3）外部样式表

外部样式表是将 CSS 规则写在以 .css 为扩展名的 CSS 文件中，在需要用到此样式的网页中引用该 CSS 文件。一个 CSS 文件可以供多个网页引用，从而实现整体页面风格统一的设置。根据引用的方式不同，外部样式表可以分为链接外部样式表和导入外部样式表，它们形式上的区别在于链接外部样式表通过链接 link 标记来定义，导入外部样式表通过"@import url("外部样式文件名称");"来定义，且定义的位置必须在其他规则之前。

（1）链接外部样式表。

① 基本语法：

```
<link type = "text/css" rel = "stylesheet" href = "out.css">
```

② 语法说明。link 标记是单（个）标记，也是空标记，它仅包含属性。此标记只能存在于 head 部分，不过它可出现任何次数。link 标记的属性、取值及说明如表 7-4 所示。

表 7-4　link 标记的属性、取值及说明

属　　性	取　　值	说　　明
type	MIME_type	规定被链接文档的 MIME 类型
Rel	stylesheet	定义当前文档与被链接文档之间的关系
Href	URL	定义被链接文档的位置

代码 7-12　链接外部样式表的使用（图 7-14）

```
/* 样式表文件 out.css */
.int_css{
    border - width:2px;              /* 定义边框的宽度 */
    border - style:solid;            /* 定义边框的样式 */
    text - align:center;             /* 定义文本的对齐方式 */
    color:green;                     /* 定义颜色 */
}
#h1_css{
    font - size:28px;                /* 定义字体的大小 */
    font - weight:bold;              /* 定义字体的粗细 */
}
```

```
<!-- edu_7_12.html -->
<!doctype html>
<html lang="en">
    <head>
        <meta charset="UTF-8">
        <title>链接外部样式(External Style)</title>
        <link type="text/css" rel="stylesheet" href="out.css">
    </head>
    <body>
        <h1 class="int_css">这个标题h1使用了链接外部样式中的类样式。</h1>
        <h1 id="h1_css">这个标题h1使用链接外部样式中的id样式。</h1>
        <h1>这个标题h1没有使用样式。</h1>
    </body>
</html>
```

这个标题h1使用了链接外部样式中的类样式。

这个标题h1使用链接外部样式中的id样式。

这个标题h1没有使用样式。

图 7-14 链接外部样式表的使用

代码中第 7 行在 head 标记中插入 link 标记链接外部样式表文件 out.css,属性 href 的值为 CSS 文件的路径,可以是绝对路径或相对路径。第 10 行引用了外部样式表中定义的类选择器 int_css,该 h1 标题字样式生效。第 11 行引用了外部样式表中定义的 id 选择器 # h1_css,该 h1 标题字样式生效。

(2) 导入外部样式表。

① 基本语法:

```
<style type="text/css">
@import url("外部样式表文件1名称");
@import url("外部样式表文件2名称");
选择器1{属性1:属性值1;属性2:属性值2;…}
选择器2{属性1:属性值1;属性2:属性值2;…}
…
选择器n{属性1:属性值1;属性2:属性值2;…}
</style>
```

② 语法说明。导入样式表必须在 style 标记内开头的位置定义,可以同时导入多个外部样式表,每条语句必须以";"结束。一般导入外部样式写在最前面,内部样式写在后面。"@import"必须连续书写,即"@"和"import"之间不能留任何空格。url("外部样式表文件名称")中的文件名称必须是全称,含扩展名.css,如 out.css。

代码 7-13 导入外部样式表的使用(图 7-15)

```
<!-- edu_7_13.html -->
<!doctype html>
```

```
< html lang = "en">
    < head >
        < meta charset = "UTF - 8">
        < title >导入外部样式(External Style)</title >
        < style type = "text/css">
            @import url("out.css");
            @import url("out1.css");
             @import url("out2.css");
            #h2_css{
                font - size:24px;        /*定义字体的大小*/
                font - style:italic;     /*定义字体的样式*/
            }
        </style >
    </head >
    < body >
        < h1 class = "int_css">这个标题 h1 使用了导入外部样式表中的类样式(int_css)。
        </h1 >
        < h2 id = "h2_css">这个标题 h2 使用内部样式中的 id 样式(h2_css)。</h2 >
        < h2 >这个标题 h2 没有使用样式,out1.css 和 out2.css 未定义。</h2 >
    </body >
</html >
```

图 7-15 导入外部样式表的使用

代码中第 8～10 行通过"@import"导入 3 个外部样式表文件,分别是 out.css、out1.css、out2.css。第 18 行引用导入外部样式表中的类选择器 int_css,第 19 行引用内部样式表中的 id 样式 h2_css,第 20 行是默认样式。

外部样式表与内联样式表和内部样式表相比,具有以下优点。

第一,便于复用。一个外部 CSS 文件所定义的样式可以被多个网页共用。

第二,便于修改。修改样式只需要修改 CSS 文件,无须修改每个网页。

第三,提高显示速度。样式写在网页里,网页文件变"胖",增加了网页传输的负担,降低了网页的显示速度。如果某 CSS 文件已被某网页引用并加载,则其他需要引用该 CSS 文件的网页可以从缓存中直接读取该 CSS 文件,从而提高网页的显示速度。

7.2.3 CSS 继承与层叠

CSS 继承是指子标记会继承父标记的所有样式风格,并且可以在父标记样式风格的基础上再加以修改,产生新的样式,而子标记的样式风格完全不影响父标记。值得注意的是,并不是父标记的所有属性都会自动传给子标记,有的属性不会继承父标记的属性值,如边框属性就是非继承的。

CSS 的中文名称是"层叠样式表",其层叠特性和"继承"不一样,可以把层叠特性理解成"冲突"的解决方案,即对同一内容设置了多个不同类型样式产生冲突时的处理,CSS 规定样式的优先级为行内样式＞id 样式＞class 样式＞标记样式。

代码 7-14 CSS 的继承与层叠(图 7-16)

```html
<!-- edu_7_14.html -->
<!doctype html>
<html lang = "en">
    <head>
        <meta charset = "UTF-8">
        <title>继承与层叠</title>
        <style type = "text/css">
            body{font-size:12px;} /*文本样式*/
            .c1{font-size:28px;color:blue;font=family:"黑体";} /*class 样式*/
            #p1,#p2{font-family:"幼圆";font-size:36px;} /x id 样式*/
        </style>
    </head>
    <body>
        这是 body 的文本内容
        <p>第一段 子标记 p 继承了父标记 body 的样式。</p>
        <p class = "c1">第二、三、四段都设置了 class = "c1"。</p>
        <p class = "c1" id = "p1">第三段设置了 id = "p1"。</p>
        <p class = "c1" id = "p2" style = font-family:'Arial Black';color:red;>
        行内样式 style = "font-family:'Arial Black';color:red;",优先级最高。</p>
    </body>
</html>
```

图 7-16 CSS 的继承与层叠

7.2.4 DIV+CSS 页面布局

现在所有主流的、大型的 IT 企业的网站布局几乎都采用 DIV、CSS 技术,有些甚至采用 DIV、CSS、表格混合进行页面布局。此类页面布局能够实现页面内容与表现的分离,提高网站的访问速度、节省宽带、改善用户的体验。DIV+CSS 组合技术完全有别于传统的表格排版习惯。通过 DIV+CSS 实现页面元素的精确控制,网站、代码的维护与更新变得十分容易,甚至页面的布局结构都可以通过修改 CSS 属性来重新定位。

DIV+CSS 布局的步骤大致为:首先整体上对页面进行分块,接着按照分块设计使用 div 标记,并厘清 div 标记的嵌套和层叠关系,然后对各 div 标记进行 CSS 定位,最后在各个分块中添加相应的内容。

1. "三行模式"和"三列模式"

"三行模式"和"三列模式"的特点是把整个页面水平、垂直分成三个区域,其中"三行模式"将页面分成头部、主体及页脚三部分;"三列模式"将页面分成左、中、右三部分。

代码 7-15 三行模式(图 7-17)

```html
<!-- edu_7_15.html -->
<!doctype html>
<html lang="en">
    <head>
        <meta charset="UTF-8">
        <title>三行模式</title>
        <style>
        #header{
            width:100%;
            height:120px;
            background:#223344;
        }
        #main{
            width:100%;
            height:500px;
            background:#553344;
        }
        #footer{
            width:100%;
            height:40px;
            background:#993344;
        }
        </style>
    </head>
    <body>
        <div id="header" class=""></div>
        <div id="main" class=""></div>
        <div id="footer" class=""></div>
    </body>
</html>
```

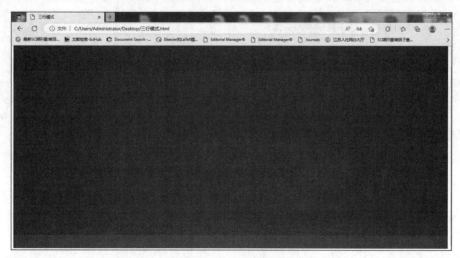

图 7-17 三行模式

代码7-16 三列模式(图7-18)

```html
<!-- edu_7_16.html -->
<!doctype html>
<html lang="en">
    <head>
        <meta charset="UTF-8">
        <title>三列模式</title>
        <style>
        #left{
            width:30%;
            height:700px;
            background:#223344;
            float:left;
        }
        #center{
            width:50%;
            height:700px;
            background:#553344;
            float:left;
        }
        #right{
            width:20%;
            height:700px;
            background:#993344;
            float:left;
        }
        </style>
    </head>
    <body>
        <div id="left" class=""></div>
        <div id="center" class=""></div>
        <div id="right" class=""></div>
    </body>
</html>
```

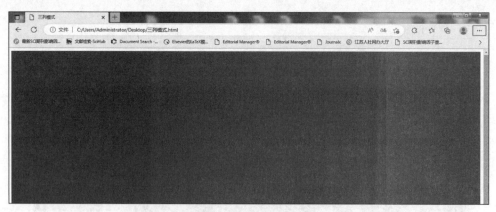

图7-18 三列模式

2. "三行二列模式"和"三行三列模式"

"三行二列模式"和"三行三列模式"的特点是先将整个页面水平分成三个区域,再将中间区域分成两列或三列。

代码 7-17 三行二列模式(图 7-19)

```html
<!-- edu_7_17.html -->
<!doctype html>
<html lang="en">
    <head>
        <meta charset="UTF-8">
        <title>三行二列模式</title>
        <style>
        #header{
            width:100%;
            height:120px;
            background:#99FF00;
        }
        #main{
            width:100%;
            height:400px;
            background:#99FF99;
        }
        #left{
            width:30%;
            height:100%;
            background:#999999;
            float:left;
        }
        #right{
            width:70%;
            height:100%;
            background:#553344;
            float:left;
        }
        #footer{
            clear:both;
            width:100%;
            height:80px;
            background:#66FF66;
        }
        </style>
    </head>
    <body>
        <div id="header" class=""></div>
        <div id="main" class="">
            <div id="left" class=""></div>
            <div id="right" class=""></div>
        </div>
        <div id="footer" class=""></div>
    </body>
</html>
```

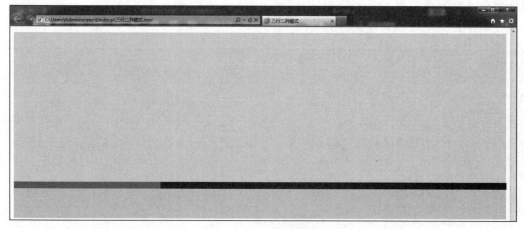

图 7-19 三行二列模式

代码 7-18 三行三列模式（图 7-20）

```html
<!-- edu_7_18.html -->
<!doctype html>
<html lang = "en">
    <head>
        <meta charset = "UTF-8">
        <title>三行三列模式</title>
        <style>
        #header{
            width:100%;
            height:120px;
            background:#99FF00;
        }
        #main{
            width:100%;
            height:400px;
            background:#99FF99;
        }
        #left{
            width:30%;
            height:100%;
            background:#999999;
            float:left;
        }
        #center{
            width:40%;
            height:100%;
            background:#FF3344;
            float:left;
        }
        #right{
            width:30%;
            height:100%;
            background:#553344;
            float:left;
```

```
            }
        #footer{
            clear:both;
            width:100%;
            height:80px;
            background:#99FF66;
        }
        </style>
    </head>
    <body>
        <div id="header" class=""></div>
        <div id="main" class="">
            <div id="left" class=""></div>
            <div id="center" class=""></div>
            <div id="right" class=""></div>
        </div>
        <div id="footer" class=""></div>
    </body>
</html>
```

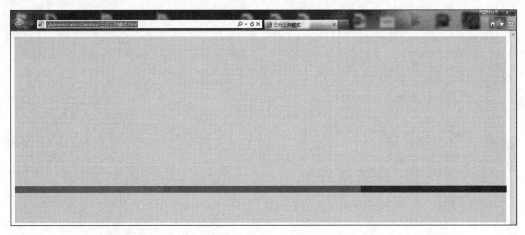

图 7-20　三行三列模式

3. 多行多列复杂模式

国内大型网站基本上采用多行多列模式布局,如中关村在线、淘宝网、腾讯、网易、新浪、搜狐等网站采用"多行三列模式";阿里巴巴、网上超市 1 号店、去哪儿网、赶集网等网站采用"多行四列模式"。其他大多数网站的布局根据首页长度的变化略有差异,在此不再一一叙述。

代码 7-19　多行三列模式(图 7-21)

```
<!-- edu_7_19.html -->
<!doctype html>
<html lang="en">
    <head>
```

```html
<meta charset = "UTF-8">
<title>多行三列模式</title>
<style>
*{
    font-size:16px;
    margin:0 auto;
    pedding:0px;
}
#container{
    background:#334455;
    width:100%;
    height:700px;
}
#header{
    width:100%;
    height:150px;
    background:#FF4455;
}
#logo{
    width:100%;
    height:100px;
    background:#FFDD55;
}
#nav{
    width:100%;
    height:50px;
    background:#FFDD99;
}
#main{
    width:100%;
    height:500px;
    background:#33DD55;
}
#left{
    width:33%;
    height:100%;
    background:#33FBFB;
    float:left;
}
#left_up_1{
    width:100%;
    height:125px;
    background:#99BBDD;
}
#left_up_2{
    width:100%;
    height:125px;
    background:#AABBCC;
}
#left_down_1{
    width:100%;
    height:125px;
    background:#BBCCDD;
```

```css
        }
        #left_down_2{
            width:100%;
            height:125px;
            background:#CCDDEE;
        }
        #center{
            width:34%;
            height:100%;
            background:#88FBFB;
            float:left;
        }
        #center_up{
            width:34%;
            height:200px;
            background:#66ff66;
        }
        #center_down{
            width:100%;
            height:300px;
            background:#45DD22;
        }
        #right{
            width:33%;
            height:100%;
            background:#DDFBFB;
            float:left;
        }
        #right_up{
            width:100%;
            height:150px;
            background:#55DDFB;
        }
        #right_down{
            width:100%;
            height:350px;
            background:#667733;
        }
        #footer{
            width:100%;
            height:5S0px;
            background:#DDDD11;
        }
    </style>
</head>
<body>
    <div id="container" class="">
      <div id="header" class="">
         <div id="logo" class="">logo</div>
         <div id="nav" class="">nav</div>
      </div>
      <div id="main" class="">
         <div id="left" class="">
```

```
            < div id = "left_up_1" class = ""> left_up_1 </div>
            < div id = "left_up_2" class = ""> left_up_2 </div>
            < div id = "left_down_1" class = ""> left_down_1 </div>
            < div id = "left_down_2" class = ""> left_down_2 </div>
        </div>
        < div id = "center" class = "">
            < div id = "center_up" class = ""> center_up </div>
            < div id = "center_down" class = ""> center_down </div>
        </div>
        < div id = "right" class = "">
            < div id = "right_up" class = ""> right_up </div>
            < div id = "right_down" class = ""> right_down </div>
        </div>
        < div id = "footer" class = ""> footer </div>
    </body>
</html>
```

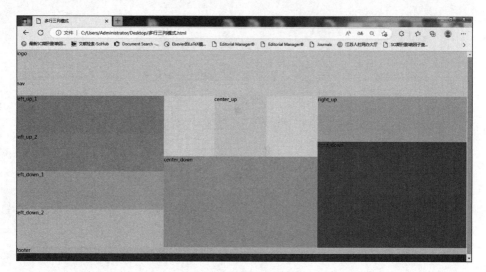

图 7-21　多行三列模式

7.3　JavaScript 概述

JavaScript 由 Netscape 公司的布兰登·艾奇(Brendan Eich)于 1995 年开发设计,最初命名为 LiveScript,是一种动态、弱类型、基于原型的语言。后来,Netscape 公司和 Sun 公司进行合作,将 LiveScript 改名为 JavaScript。JavaScript 在设计之初受到 Java 的启发,语法上与 Java 有很多类似之处,并借用了许多 Java 的名称和命名规范。

7.3.1　JavaScript 简介

JavaScript 主要运行在客户端,用户访问带有 JavaScript 的网页,网页中的 JavaScript 程序就传给浏览器,由浏览器解释和处理。表单数据有效性验证等互动性功能都是在客户端完成的，不需要和 Web 服务器发生任何数据交换，因此不会增加 Web 服务器的负担。

JavaScript 具有以下特点。

1．简单性

JavaScript 是一种解释性语言，因此 JavaScript 编写的程序无须进行编译，而是在程序进程中被逐行地解释。JavaScript 基于 Java 基本语句和控制流，学习过 Java 的编程人员容易上手。此外，它的变量类型采用弱类型，未使用严格的数据类型安全检查。

2．安全性

JavaScript 是一种安全性语言，不允许对网络文档进行修改和删除，只能通过浏览器实现信息浏览或动态交互，从而有效地保障数据的安全性。

3．动态性

JavaScript 可以直接对用户的输入信息进行简单处理和响应，而无须向 Web 服务程序发送请求再等待响应。JavaScript 的响应采用事件驱动的方式进行，当在页面中执行某种操作时会产生特定事件(Event)，如移动鼠标指针、调整窗口大小等操作会触发相应的事件响应处理程序。

4．跨平台性

JavaScript 程序的运行只依赖于浏览器，与操作系统和计算机硬件无关，只要计算机上安装了支持 JavaScript 的浏览器(如 Edge、Firefox、Chrome 等)就能正确运行。

5．JavaScript 放置的位置

1) head 标记中的脚本

Script 标记放在头部 head 标记中，JavaScript 代码必须定义成函数形式，并在主体 body 内调用或通过事件触发。放在 head 标记内的脚本在页面装载时同时载入，这样在主体 body 标记内调用时可以直接执行，加快了脚本的执行速度。

（1）基本语法：

```
function functionname(参数 1,参数 2,…,参数 n){
函数体语句
}
```

（2）语法说明。JavaScript 自定义函数必须以 function 关键字开始，然后给自定义函数命名，在给函数命名时一定要遵守标识符的命名规范。在函数名称的后面一定要有一对括号"()"，括号内可以有参数，也可以无参数，多个参数之间用逗号","分隔。函数体语句必须放在大括号"{}"内。

代码 7-20 在 head 标记内定义两个 JavaScript 函数(图 7-22)

```
<!-- edu_7_20.html -->
<!doctype html>
```

```
< html lang = "en">
    < head >
        < meta charset = "UTF-8">
        < title > head 中定义的 JS 函数</title >
        < script type = "text/javascript">
            function message(){
                alert("调用 JS 函数!sum(100,200) = " + sum(100,200));}
            function sum(x,y){return x + y; //返回函数计算结果}
        </script >
    </head >
    < body >
        < h4 > head 标记内定义两个 JS 函数</h4 >
        < p >无返回值函数:message()</p >
        < p >有返回值函数:sum(x,y)</p >
        < form >
            < input name = "btnCallJs" type = "button" onclick = "message();" value = "计算并显示两个数的和">
        </form >
    </body >
</html >
```

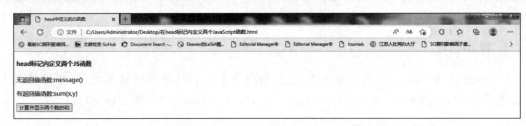

图 7-22　在 head 标记内定义两个 JavaScript 函数

2）body 标记中的脚本

script 标记放在主体 body 标记中，JavaScript 代码可以定义成函数形式，在主体 body 标记内调用或通过事件触发。另外，也可以在 script 标记内直接编写脚本语句，在页面装载时同时执行相关代码，这些代码的执行结果直接构成网页的内容，在浏览器中可以查看。

3）外部 JS 文件中的脚本

除了将 JavaScript 代码写在 head 和 body 部分以外，也可以将 JavaScript 函数单独写成一个 JS 文件，在 HTML 文档中引用该 JS 文件，如代码 7-21 所示。

代码 7-21　调用外部 JS 文件中的 JavaScript 函数

```
<!-- demo.js -->
function message()
{
    alert("调用外部 JS 文件中的函数!");
}
```

上述代码将 JavaScript 函数写在一个文件 demo.js 中，代码第 2~5 行定义了一个函数 message()，注意在"js"文件中不需要使用< setipt ></scnp>标记来包围代码（图 7-23）。

```html
<!-- edu_7_21.html -->
<!doctype html>
<html lang = "en">
    <head>
<meta charset = "UTF-8">
        <title>调用外部JS文件的JavaScript函数</title>
        <script type = "text/javascript" src = "demo.js">
            document.write("这条语句没有执行,被忽略掉了!");
        </script>
    </head>
    <body>
        <form>
            <input name = "btnCallJS" type = "button" onclick = "message()" value = "调用外部JS文件的JavaScript函数">
        </form>
    </body>
</html>
```

图 7-23　调用外部 JS 文件中的 JavaScript 函数

4）事件处理代码中的脚本

JavaScript 代码除上述三种放置位置外,还可以直接写在事件处理代码中。

代码 7-22　直接在事件处理代码中加入 JavaScript 程序（图 7-24）

```html
<!-- edu_7_22.html -->
<!doctype html>
<html lang = "en">
    <head>
        <meta charset = "UTF-8">
            <title>直接在事件处理代码中加入 JavaScript 代码</title>
    </head>
    <body>
        <form>
            <input type = "button" onclick = "alert('直接在事件处理代码中加入 JavaScript 代码')" value = "直接调用 JavaScript 代码">
        </form>
    </body>
</html>
```

7.3.2　JavaScript 基本语法

JavaScript 程序由语句和语句块、代码、消息对话框等构成,通过顺序、分支和循环三种

图 7-24　调用直接写在事件处理代码中的 JavaScript 程序

基本程序控制结构来进行编程。

1. 语句和语句块

JavaScript 语句向浏览器发出命令。该语句的作用是告诉浏览器做什么。例如下面语句的作用是告诉浏览器在页面上输出"我是 JavaScript 程序！"。

```
document.write("我是JavaScript程序!");
```

多行 JavaScript 语句可以组合起来形成语句块，语句块以左大括号"{"开始，以右大括号"}"结束，块的作用是使语句序列一起执行。下面的语句块向网页中输出一个标题以及两个段落。

```
<script type = "text/javascript">
{
    document.write(<h1>标题1</h1>);
    document.write(<p>这是段落1<p>);
    document.write(<p>这是段落2<p>);
}
</script>
```

2. 代码

JavaScript 代码是 JavaScript 语句的序列，由若干条语句或语句块构成。以下代码中第 2～7 行由语句和语句块构成的部分就是 JavaScript 代码。

```
<script type = "text/javascript">
var color = "red"
if(color == "red" )
{
document.write("颜色是红色!");
alert("颜色是红色!");
}
</script>
```

3. 消息对话框

JavaScript 中的消息对话框分为告警框、确认框和提示框三种。

1) 告警框

alert()函数用于显示一条指定消息和一个"确定"按钮的告警框。

(1) 基本语法：

```
alert(message);
```

(2) 参数说明：message 参数是显示在弹出对话框上的纯文本(非 HTML 文本)。

代码 7-23　输出告警消息(图 7-25)

```html
<!-- edu_7_23.html -->
<!doctype html>
<html lang = "en">
    <head>
        <meta charset = "UTF-8">
        <title>告警消息框的应用</title>
    </head>
    <body>
        <script type = "text/javascript">
            alert("这是告警消息框!");
        </script>
    </body>
</html>
```

图 7-25　告警框使用界面

2) 确认框

confirm()函数用于显示指定消息和"确定"及"取消"按钮的对话框。

(1) 基本语法：

```
confirm(message);
```

(2) 语法说明：如果用户单击"确定"按钮，则 confirm()返回 true；如果单击"取消"按钮，则 confirm()返回 false。在用户单击"确定"按钮或"取消"按钮关闭对话框之前，它将阻止用户对浏览器的所有操作。在调用 confirm()时将暂停对 JavaScript 代码的执行，在用户作出响应之前不会执行下一条语句。

(3) 参数说明：message 参数是显示在弹出对话框上的纯文本(非 HTML 文本)。

代码 7-24　确认框的应用(图 7-26)

```html
<!-- edu_7_24.html -->
<!doctype html>
<html lang = "en">
    <head>
        <meta charset = "UTF-8">
```

```
            <title>确认框的应用</title>
            <script type = "text/javascript">
                function show_confirm(){
                    var tf = confirm("请选择按钮!");
                    if(tf == true){alert("您按了确定按钮!");}
                    else{alert("您按了取消按钮!");}
                }
            </script>
        </head>
        <body>
            <form method = "post" action = "">
                <input type = "button" onclick = "show_confirm()" value = "显示确认框"/>
            </form>
        </body>
</html>
```

图 7-26　确认框使用界面

3) 提示框

prompt()函数用于提示用户在进入页面前输入某个值。

(1) 基本语法:

```
prompt ("提示信息",默认值);
```

如果用户单击提示框中的"取消"按钮,则返回 nu!,如果用户单击"确定"按钮,则文本框中显示输入的值。在用户单击"确定"按钮或"取消"按钮关闭对话框之前,它将阻止用户对浏览器做的所有操作。在调用 prompt()时将暂停对 JavaScript 代码的执行,在用户作出响应之前不会执行下一条语句。

(2) 参数说明:该函数有两个参数,第 1 个是"提示信息",第 2 个是文本框的默认值,可以修改。

代码 7-25　提示框的应用(图 7-27)

```
<!-- edu_7_25.html -->
<!doctype html>
<html lang = "en">
    <head>
        <meta charset = "UTF - 8">
        <title>提示框的应用</title>
        <script type = "text/javascript">
            function disp_prompt(){
                var name = prompt("请输入您的姓名","李大为");
                if(name!= null && name!="")//既不为空,也不为 null
```

```
                {
                    document.write("您好," + name + "!");
                }
            }
        </script>
    </head>
    <body>
        <form method = "post" action = "">
            <input type = "button" onclick = "disp_prompt()" value = "显示提示框"/>
        </form>
    </body>
</html>
```

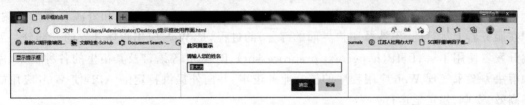

图 7-27　提示框使用界面

思考题

1. 简述一个 HTML 文档应包含几个基本标记,并举例说明。
2. CSS 按照其定义可以分为哪几种？分别如何使用？如何理解 CSS 的继承与冲突特性？
3. 设计制作一个多行四列的网页。

即测即练

第 8 章

Web 后端开发

后端开发是创建完整可运行的 Web 应用服务端程序(服务端程序和资源合称为后端,即在服务器上运行的、不涉及用户界面的部分)的过程,是 Web 应用程序开发的一部分。后端开发者使用 Java、PHP(hypertext preprocessor)、Python 等语言及其衍生的各种框架、库和解决方案来实现 Web 应用程序的核心业务逻辑,并向外提供特定的 API,使 Web 应用能够高效、安全、稳定地运行。

考虑到 PHP 是一种解释性脚本语言,广泛应用于 Web 开发领域,同时由于其轻量级和易学易用等特点,PHP 成为许多初学者的首选语言。本章选择 PHP+MySQL 开发的程序展示了 Web 后端开发的流程。

本章学习目标

(1) 理解 Web 后端开发基础知识;

(2) 理解 PHP 和 MySQL 的部署、基础知识等;

(3) 通过程序实例帮助读者掌握 PHP+MySQL 开发的基本技能。

8.1 概 述

8.1.1 基础知识

后端开发负责 Web 应用的服务器端逻辑和数据库管理。后端开发的核心包括编程语言、服务器框架、数据库管理等。

1. 编程语言

后端开发常用的编程语言有多种选择,包括 Python、Java、Node.js、Ruby、PHP 等。不同的语言有各自的优势和适用场景。例如,Python 以其简洁和丰富的库生态系统广泛应用于数据处理和 Web 开发;Java 具有良好的跨平台特性和稳定性,常用于企业级应用;Node.js 利用 JavaScript 的异步特性,适合处理高并发和实时应用。

2. 服务器框架

服务器框架是后端开发的重要工具,它提供了一套标准化的结构和组件,简化了开发过程。常见的服务器框架包括 Django(Python)、Spring(Java)、Express(Node.js)和 Ruby on Rails(Ruby)。这些框架通常包含路由、模板引擎、ORM(对象关系映射)等功能,使开发者能够快速构建和管理 Web 应用的服务器端逻辑。

3. 数据库管理

数据库是 Web 应用的数据存储和管理中心。常见的数据库系统有关系型数据库(如 MySQL、PostgreSQL)和非关系型数据库(如 MongoDB、Redis)。关系型数据库通过表格结构存储数据,支持复杂的查询和事务处理;非关系型数据库则以灵活的文档或键值对形式存储数据,适合处理大规模和高并发的数据访问。

4. API 设计

后端开发还涉及 API 的设计与实现,API 是前端与后端交互的桥梁。常用的 API 设计风格包括 REST(表述性状态转移)和 GraphQL。REST API 通过标准的 HTTP 方法 (GET、POST、PUT、DELETE)操作资源,简单且易于理解;GraphQL 则允许客户端按需查询数据,提供更灵活和高效的数据获取方式。

5. 前后端集成

前端和后端的开发各自独立,但最终需要集成在一起,共同构建完整的 Web 应用。前端通过 API 与后端通信,发送请求获取数据并展示给用户,同时接收用户输入并传递给后端进行处理。这种前后端分离的架构提高了开发效率和代码的可维护性。

6. 部署与运维

开发完成后,Web 应用需要部署到服务器上供用户访问。部署过程包括代码上传、服务器配置、域名解析等步骤。常见的部署平台有 AWS、Google Cloud、Azure 等,开发者可以选择适合的服务进行托管。此外,容器化技术(如 Docker)和容器编排工具(如 Kubernetes)也广泛应用于现代 Web 应用的部署和管理,提升了应用的可移植性和伸缩性。

8.1.2 技术特点

(1) 后端是工作在服务器上的,负责通过 API 向前端或其他系统提供其所需的信息(如数据等)。

(2) 后端开发实际上是开发 Web 应用中对用户不可见的部分(如核心业务逻辑、数据库等),大多数的后端开发都是不涉及用户界面的(除了在前后端不分离的架构中将前端的静态页面通过模板引擎改造成动态页面时)。

(3) 通常情况下,一个 Web 应用的绝大多数代码都属于后端代码,因为后端承担了 Web 应用实际的业务逻辑。

(4) 后端开发的压力通常比前端开发要大,因为后端是 Web 应用的"灵魂",它影响着 Web 应用的方方面面,除了业务逻辑之外还需要考虑安全性、稳定性、可维护性、可扩展性、伸缩性等问题。

8.1.3 具体内容

(1) 实现 Web 应用程序的实际业务逻辑。实现 Web 应用程序的具体功能(如注册、发表和查询信息等)或 Web 应用程序在服务端执行的具体操作。这是后端开发这项工作的主要内容。

(2) 使用 API 和创建 API。后端需要向前端提供前端所需的数据,也需要使用第三方 API 来完成业务逻辑[如完成某个功能需要通过 API 调用其他应用,在使用框架进行开发时需要使用语言和框架的 API,操作数据库时需要使用数据库或 ORM(对象关系映射)框架的 API 等]。因为在后端开发的过程中经常需要与 API 打交道,所以有人也把后端开发称为"API 开发",就像有些人将前端称为"GUI 开发"一样。

(3) 优化。在用户量达到一定规模后,就会出现诸如响应慢等各种问题;同时,随着代码行数的增多,许多架构上的缺陷也会暴露出来,如代码逻辑混乱、模块划分不正确等。此时就需要后端开发人员对 Web 应用程序进行优化,如重构、分布式部署、优化业务逻辑、单体应用拆分成微服务等。

(4) 架构设计。虽然一般只有高级的后端开发人员和架构师才需要关注架构问题,但是架构设计是后端开发中非常重要的一环,因为它决定了如何组织代码、某个模块负责解决什么样的问题、系统的扩展性和可维护性如何、业务逻辑如何进行组织等,也会一定程度影响到业务逻辑的具体实现(比如微服务和单体架构这两种架构下,同一种业务逻辑的实现可能完全不同)。

8.2 PHP

PHP 是一种通用开源脚本语言。语法吸收了 C 语言、Java 和 Perl 的特点,利于学习,使用广泛,主要适用于 Web 开发领域。PHP 独特的语法混合了 C、Java、Perl 以及 PHP 自创的语法。它可以比 CGI(公共网关接口)或者 Perl 更快速地执行动态网页。用 PHP 做出的动态页面与其他的编程语言相比,PHP 是将程序嵌入 HTML(标准通用标记语言下的一个应用)文档中去执行,执行效率比完全生成 HTML 标记的 CGI 要高许多;PHP 还可以执行编译后代码,编译可以达到加密和优化代码运行,使代码运行更快。

PHP 的特点如下。

(1) 基于服务器端,可以运行在 Unix、Linux、Windows 下。

(2) 与 HTML 互相嵌套。

(3) 命令行脚本。仅仅只需要 PHP 解析器来执行。

(4) PHP 支持很多数据库(MySQL、Oracle、MSSQL Server、Sybase、Solid 等)。

PHP 是一种广泛使用的服务器端脚本语言,适合于开发动态的网站和应用。PHP 后端开发者需要掌握 PHP 的部署、基础语法、常用的函数和特性。

8.2.1 PHP 部署

为了让 PHP 代码在服务器上运行,我们需要将其部署在支持 PHP 的服务器环境中。

部署 PHP 的过程包括安装 PHP 解释器、配置 Web 服务器以及上传和配置 PHP 代码。

在部署 PHP 应用之前，需要准备一个 PHP 运行环境。常见的环境包括 Apache、Nginx 等 Web 服务器，配合 PHP 解释器和数据库（如 MySQL）。

1. 安装 XAMPP

XAMPP 是一款集成 Apache、MySQL、PHP 和 Perl 的开发环境，适合在 Windows 上快速搭建 PHP 开发环境。访问 XAMPP 官方网站，下载适用于 Windows 的安装包，运行下载的安装程序，按照提示进行安装。建议将安装路径设置为 C:\xampp。安装完成后，启动 XAMPP 控制面板，单击 Start 按钮启动 Apache 和 MySQL 服务。

2. 配置 Apache

Apache 安装完成后，需要进行一些基本配置，使其能够处理 PHP 文件。
编辑 Apache 配置文件（C:\xampp\apache\conf\httpd.conf），确保以下配置项正确：

```
1. LoadModule php_module "C:/xampp/php/php7apache2_4.dll"
2. AddType application/x-httpd-php .php
3. PHPIniDir "C:/xampp/php"
```

重启 Apache 服务以应用配置。
在 XAMPP 控制面板中单击"Stop"，然后再次单击"Start"重启 Apache 服务。

3. 测试 PHP 环境

创建一个测试 PHP 文件，确保 PHP 安装和配置正确。
创建一个名为 info.php 的文件，放在 C:\xampp\htdocs 目录下，内容如下：

```
1. <?php
2. phpinfo();
3. ?>
```

在浏览器中访问 http://localhost/info.php，如果看到 PHP 信息页面，说明 PHP 环境配置成功。

8.2.2 PHP 基础

PHP 是一种广泛用于 Web 开发的服务器端脚本语言。PHP 代码可以嵌入 HTML 中，执行后生成动态的网页内容。

（1）PHP 脚本。PHP 脚本通常嵌入在 HTML 文件中，并用<? php ...? >标签包围。

```
1. <!DOCTYPE html>
2. <html>
3. <head>
4.     <title>PHP Example</title>
```

```
5.    </head>
6.    <body>
7.        <h1>Welcome to my website</h1>
8.        <?php
9.        echo "Hello, world!";
10.       ?>
11.   </body>
12. </html>
```

（2）变量。变量在 PHP 中以 $ 符号开头，变量名称区分大小写。

```
1. <?php
2.    $greeting = "Hello, world!";
3.    $number = 42;
4.    echo $greeting; // 输出:Hello, world!
5.    echo $number; // 输出:42
6. ?>
```

（3）数据类型。PHP 支持多种数据类型，包括字符串、整数、浮点数、布尔值、数组、对象、NULL 等。

```
1.  $string = "Hello, world!";
2.
3.  $integer = 42;
4.
5.  $float = 3.14;
6.
7.  $bool = true;
8.
9.  $array = array("apple", "banana", "cherry");
10.
11. class Car {
12.     public $brand;
13.     public function __construct($brand) {
14.         $this->brand = $brand;
15.     }
16. }
17. $car = new Car("Toyota");
18.
19. $nullVar = NULL;
```

（4）运算符。PHP 支持多种运算符，包括算术运算符、赋值运算符、比较运算符和逻辑运算符。

算术运算符：

```
1. $a = 10;
2. $b = 5;
3. echo $a + $b; // 输出:15
4. echo $a - $b; // 输出:5
5. echo $a * $b; // 输出:50
6. echo $a / $b; // 输出:2
```

赋值运算符：

```
1.  $ a = 10;
2.  $ b = $ a;
```

比较运算符:

```
1.  $ a = 10;
2.  $ b = 5;
3.  var_dump( $ a == $ b); // 输出:bool(false)
4.  var_dump( $ a != $ b); // 输出:bool(true)
5.  var_dump( $ a > $ b); // 输出:bool(true)
6.  var_dump( $ a < $ b); // 输出:bool(false)
```

逻辑运算符:

```
1.  $ a = true;
2.  $ b = false;
3.  var_dump( $ a && $ b); // 输出:bool(false)
4.  var_dump( $ a || $ b); // 输出:bool(true)
5.  var_dump(! $ a); // 输出:bool(false)
```

(5) 控制结构。控制结构包括条件语句和循环语句。

条件语句:

```
1.  $ a = 10;
2.  if ( $ a > 5) {
3.      echo "a is greater than 5";
4.  } elseif ( $ a == 5) {
5.      echo "a is 5";
6.  } else {
7.      echo "a is less than 5";
8.  }
```

循环语句:

```
1.  // while 循环
2.  $ i = 0;
3.  while ( $ i < 10) {
4.      echo $ i;
5.      $ i++;
6.  }
7.
8.  // for 循环
9.  for ( $ i = 0; $ i < 10; $ i++) {
10.     echo $ i;
11. }
12.
13. // foreach 循环
14. $ array = array("apple", "banana", "cherry");
15. foreach ( $ array as $ fruit) {
16.     echo $ fruit;
17. }
```

（6）函数。函数是可以被调用执行的代码块。PHP 有内置函数库，也可以自定义函数。

定义和调用函数示例：

```php
1. function greet($name) {
2.     return "Hello, " . $name;
3. }
4. echo greet("Alice"); // 输出:Hello, Alice
```

（7）超全局变量。PHP 预定义了一些超全局变量，可以在脚本的任何地方访问这些变量。常用超全局变量：

$_GET：通过 URL 参数传递的数据。

$_POST：通过 HTTP POST 方法传递的数据。

$_REQUEST：包含 $\_GET、$_POST 和 $_COOKIE 的内容。

$_SESSION：当前会话中的数据。

$_SERVER：服务器和执行环境信息。

使用示例：

```php
1. // 访问 URL 参数
2. $name = $_GET['name'];
3. echo "Hello, " . $name;
4.
5. // 处理表单提交
6. if ($_SERVER["REQUEST_METHOD"] == "POST") {
7.     $username = $_POST['username'];
8.     echo "Welcome, " . $username;
9. }
```

（8）表单处理。PHP 可以处理 HTML 表单的数据。通过表单提交的数据可以使用 $_GET 或 $_POST 超全局变量访问。

示例表单：

```html
1. <form method="post" action="process_form.php">
2.     Name: <input type="text" name="name">
3.     <input type="submit" value="Submit">
4. </form>
```

处理表单数据：

```php
1. // process_form.php
2. if ($_SERVER["REQUEST_METHOD"] == "POST") {
3.     $name = $_POST['name'];
4.     echo "Hello, " . $name;
5. }
```

8.2.3 PHP 进阶

面向对象编程是一种编程范式,使用对象和类来组织代码。PHP 支持面向对象编程,使用类和对象可以更好地组织代码和复用功能。

(1)类和对象。类是对象的蓝图,定义对象的属性和方法。对象是类的实例。

```php
1.  //定义一个类:
2.
3.  class Car {
4.      // 属性
5.      public $ brand;
6.      public $ color;
7.
8.      // 构造函数
9.      public function __construct( $ brand, $ color) {
10.         $ this -> brand = $ brand;
11.         $ this -> color = $ color;
12.     }
13.
14.     // 方法
15.     public function getDescription() {
16.         return "This car is a " . $ this -> color . " " . $ this -> brand;
17.     }
18. }
19.
20. // 创建对象
21. $ myCar = new Car("Toyota", "red");
22. echo $ myCar -> getDescription(); // 输出:This car is a red Toyota
```

(2)继承。继承允许一个类继承另一个类的属性和方法。

```php
1.  //定义一个父类和子类:
2.
3.  class Vehicle {
4.      public $ brand;
5.
6.      public function __construct( $ brand) {
7.          $ this -> brand = $ brand;
8.      }
9.
10.     public function getBrand() {
11.         return $ this -> brand;
12.     }
13. }
14.
15. class Car extends Vehicle {
16.     public $ color;
17.
18.     public function __construct( $ brand, $ color) {
```

```
19.            parent::__construct( $ brand);
20.            $ this->color = $ color;
21.        }
22.
23.        public function getDescription() {
24.            return "This car is a " . $ this->color . " " . $ this->brand;
25.        }
26.    }
27.
28.    // 创建对象
29.    $ myCar = new Car("Honda", "blue");
30.    echo $ myCar->getDescription(); // 输出:This car is a blue Honda
```

（3）接口和抽象类。接口和抽象类提供了创建抽象设计的方式，使得代码更加灵活和可扩展。

定义接口示例：

```
1.    //定义一个接口:
2.
3.    interface Drivable {
4.        public function startEngine();
5.        public function stopEngine();
6.    }
7.
8.    class Car implements Drivable {
9.        public function startEngine() {
10.           echo "Engine started";
11.       }
12.
13.       public function stopEngine() {
14.           echo "Engine stopped";
15.       }
16.   }
17.
18.   $ myCar = new Car();
19.   $ myCar->startEngine(); // 输出:Engine started
```

定义抽象类示例：

```
1.    //定义一个抽象类:
2.
3.    abstract class Animal {
4.        abstract public function makeSound();
5.
6.        public function sleep() {
7.            echo "Sleeping";
8.        }
9.    }
10.
11.   class Dog extends Animal {
12.       public function makeSound() {
```

```
13.            echo "Bark";
14.        }
15.    }
16.
17.    $dog = new Dog();
18.    $dog->makeSound(); // 输出:Bark
19.    $dog->sleep();     // 输出:Sleeping
```

(4) PHP 命名空间。命名空间是 PHP 的一种封装机制,用于解决类、函数和常量之间的命名冲突。使用命名空间可以更好地组织代码。

定义命名空间示例:

```
1.  //定义命名空间:
2.
3.  namespace MyApp\Controllers;
4.
5.  class UserController {
6.      public function index() {
7.          echo "User index page";
8.      }
9.  }
10.
11. // 使用命名空间中的类
12. $controller = new \MyApp\Controllers\UserController();
13. $controller->index(); // 输出:User index page
```

(5) PHP 异常处理。异常处理是一种处理程序错误的机制,使得代码更加健壮和易于维护。

异常处理示例:

```
1.  //使用 try-catch 块:
2.
3.  try {
4.      // 可能抛出异常的代码
5.      if (true) {
6.          throw new Exception("An error occurred");
7.      }
8.  } catch (Exception $e) {
9.      // 捕获异常
10.     echo "Caught exception: " . $e->getMessage();
11. }
```

(6) 文件处理。PHP 可以读取、写入和操作文件。

读取文件示例:

```
1.  $file = fopen("example.txt", "r");
2.  while (!feof($file)) {
3.      echo fgets($file) . "<br>";
4.  }
5.  fclose($file);
```

写入文件示例：

```
1.  $file = fopen("example.txt", "w");
2.  fwrite($file, "Hello, world!");
3.  fclose($file);
```

文件上传示例：

```
1.  if ($_FILES['file']['error'] == UPLOAD_ERR_OK) {
2.      $tmp_name = $_FILES['file']['tmp_name'];
3.      $name = basename($_FILES['file']['name']);
4.      move_uploaded_file($tmp_name, "uploads/$name");
5.      echo "File uploaded successfully.";
6.  } else {
7.      echo "File upload failed.";
8.  }
```

（7）会话和 Cookie。会话和 Cookie 用于在用户访问网站时存储数据。

启用会话和设置 Cookie 示例：

```
1.  //启动会话:
2.  session_start();
3.
4.  //设置会话变量:
5.  $_SESSION['username'] = 'john_doe';
6.
7.  //获取会话变量:
8.  echo $_SESSION['username'];
9.
10. //设置Cookie:
11. setcookie("user", "John Doe", time() + (86400 * 30), "/"); // 86400 = 1 day
12.
13. //获取Cookie:
14. if(isset($_COOKIE["user"])) {
15.     echo "User is " . $_COOKIE["user"];
16. }
```

8.3 MySQL 数据库

MySQL 是一个关系型数据库管理系统，最初由瑞典 MySQL AB 公司开发，属于 Oracle 旗下产品。MySQL 是最流行的关系型数据库管理系统之一，在 Web 应用方面，MySQL 是最好的 RDBMS（Relational Database Management System，关系数据库管理系统）应用软件之一。

MySQL 的特点如下。

（1）可以处理拥有上千万条记录的大型数据。

（2）支持常见的 SQL 语句规范。

（3）可移植性高，安装简单小巧。

(4) 良好的运行效率,有丰富信息的网络支持。

(5) 调试、管理,优化简单(相对其他大型数据库)。

8.3.1 MySQL 安装

在 Windows 上安装 MySQL 的步骤如下。

(1) 下载 MySQL 安装包。访问 MySQL 官方网站,下载适用于 Windows 的 MySQL 安装包(通常是 MySQL Installer MSI)。

(2) 安装 MySQL。

运行下载的 MySQL Installer MSI 文件。

选择"Custom"安装类型,单击 Next 按钮。

在选择产品和功能的页面,选择"MySQL Server"并单击 Next 按钮。

在安装路径页面,保持默认设置或选择自定义安装路径,单击 Next 按钮。

单击 Execute 按钮开始安装。

(3) 配置 MySQL 服务器。

在 MySQL 配置向导中,选择"Standalone MySQL Server",单击 Next 按钮。

在类型和网络设置页面,选择"Development Machine",端口保持默认 3306,单击 Next 按钮。

在身份验证方法页面,选择"Use Strong Password Encryption for Authentication",单击 Next 按钮。

设置 MySQL 的 root 用户密码,并记住密码。可以添加额外的用户。

配置 Windows 服务,保持默认设置,单击 Next 按钮。

在应用配置页面,单击 Execute 按钮完成配置。

(4) 验证 MySQL 安装。打开命令提示符。

输入以下命令启动 MySQL 命令行工具:

```
1. mysql -u root -p
```

输入安装时设置的 root 密码。如果成功登录,将看到 MySQL 命令提示符:

```
1. mysql>
```

8.3.2 MySQL 基本操作

1. 连接和退出 MySQL

连接到 MySQL:使用 MySQL 命令行工具连接到 MySQL 服务器。

```
1. mysql -u root -p
```

系统会提示输入密码,输入正确的密码后,将进入 MySQL 命令提示符:

```
1. mysql>
```

退出 MySQL:在 MySQL 命令提示符下输入以下命令退出 MySQL。

```
1. exit;
```

2. 数据库操作

创建数据库:使用 CREATE DATABASE 命令创建一个新的数据库。

```
1. CREATE DATABASE mydatabase;
```

查看数据库:使用 SHOW DATABASES 命令列出所有数据库。

```
1. SHOW DATABASES;
```

选择数据库:使用 USE 命令选择要操作的数据库。

```
1. USE mydatabase;
```

删除数据库:使用 DROP DATABASE 命令删除数据库。

```
1. DROP DATABASE mydatabase;
```

3. 表操作

创建表:使用 CREATE TABLE 命令创建一个新表。

```
1. CREATE TABLE users (
2.     id INT AUTO_INCREMENT PRIMARY KEY,
3.     username VARCHAR(50) NOT NULL,
4.     email VARCHAR(50),
5.     created_at TIMESTAMP DEFAULT CURRENT_TIMESTAMP
6. );
```

查看表结构:使用 DESCRIBE 命令查看表的结构。

```
1. DESCRIBE users;
```

列出所有表:使用 SHOW TABLES 命令列出数据库中的所有表。

```
1. SHOW TABLES;
```

删除表：使用 DROP TABLE 命令删除表。

```
1. DROP TABLE users;
```

4. 数据操作

插入数据：使用 INSERT INTO 命令向表中插入数据。

```
1. INSERT INTO users (username, email) VALUES ('john_doe', 'john@example.com');
```

查询数据：使用 SELECT 命令从表中查询数据。

```
1. SELECT * FROM users;
2. SELECT * FROM users WHERE username = 'john_doe'; //指定条件查询
```

更新数据：使用 UPDATE 命令更新表中的数据。

```
1. UPDATE users SET email = 'john.doe@example.com' WHERE username = 'john_doe';
```

删除数据：使用 DELETE FROM 命令删除表中的数据。

```
1. DELETE FROM users WHERE username = 'john_doe';
```

5. 视图操作

创建视图：使用 CREATE VIEW 命令创建视图。

```
1. CREATE VIEW user_emails AS
2. SELECT username, email FROM users;
```

查询视图：使用 SELECT 命令查询视图中的数据。

```
1. SELECT * FROM user_emails;
```

删除视图：使用 DROP VIEW 命令删除视图。

```
1. DROP VIEW user_emails;
```

8.4 PHP 操作 MySQL

1. 连接到 MySQL 数据库

创建数据库连接：使用 mysqli_connect 函数创建一个数据库连接。

```php
1.  <?php
2.  $ servername = "localhost";
3.  $ username = "root";
4.  $ password = "password";
5.  $ dbname = "mydatabase";
6.
7.  // 创建连接
8.  $ conn = mysqli_connect( $ servername, $ username, $ password, $ dbname);
9.
10. // 检查连接是否成功
11. if (! $ conn) {
12.     die("Connection failed: " . mysqli_connect_error());
13. }
14. echo "Connected successfully!";
15. ?>
```

2. 执行基本的数据库操作

插入数据：使用 mysqli_query 函数向数据库插入数据。

```php
1.  <?php
2.  $ sql = "INSERT INTO users (username, email) VALUES ('john_doe', 'john@example.com')";
3.
4.  if (mysqli_query( $ conn, $ sql)) {
5.      echo "New record created successfully!";
6.  } else {
7.      echo "Error: " . $ sql . "< br >" . mysqli_error( $ conn);
8.  }
9.  ?>
```

查询数据：使用 mysqli_query 函数从数据库查询数据。

```php
1.  <?php
2.  $ sql = "SELECT * FROM users";
3.  $ result = mysqli_query( $ conn, $ sql);
4.
5.  if (mysqli_num_rows( $ result) > 0) {
6.      while ( $ row = mysqli_fetch_assoc( $ result)) {
7.          echo "Username: " . $ row["username"] . " - Email: " . $ row["email"] . "< br >";
8.      }
9.  } else {
10.     echo "0 results";
11. }
12. ?>
```

更新数据：使用 mysqli_query 函数更新数据库中的数据。

```php
1.  <?php
2.  $ sql = "UPDATE users SET email = 'john.doe@example.com' WHERE username = 'john_doe'";
3.
4.  if (mysqli_query( $ conn, $ sql)) {
```

```
5.      echo "Record updated successfully!";
6.  } else {
7.      echo "Error updating record: " . mysqli_error($conn);
8.  }
9.  ?>
```

删除数据：使用 mysqli_query 函数删除数据库中的数据。

```
1.  <?php
2.  $sql = "DELETE FROM users WHERE username = 'john_doe'";
3.
4.  if (mysqli_query($conn, $sql)) {
5.      echo "Record deleted successfully!";
6.  } else {
7.      echo "Error deleting record: " . mysqli_error($conn);
8.  }
9.  ?>
```

关闭数据库连接：使用 mysqli_close 函数关闭数据库连接。

```
1.  <?php
2.  mysqli_close($conn);
3.  ?>
```

8.5　PHP 与 AJAX 技术

AJAX(Asynchronous JavaScript and XML)是一种用于创建快速动态网页的技术。通过使用 AJAX，网页可以在后台与服务器进行异步通信，从而在不刷新整个页面的情况下更新部分网页内容。结合 PHP，AJAX 可以用于动态获取和处理数据。

AJAX 的核心是使用 JavaScript 的 XMLHttpRequest 对象来向服务器发送请求，并接收服务器的响应。以下是 AJAX 的基本工作流程。

(1) 用户在网页上触发一个事件(例如单击)。

(2) JavaScript 创建一个 XMLHttpRequest 对象。

(3) XMLHttpRequest 对象发送请求到服务器上的 PHP 脚本。

(4) PHP 脚本处理请求并返回响应。

(5) JavaScript 接收响应并更新网页内容。

以下是一个简单的示例，演示如何使用 AJAX 与 PHP 进行交互。

(1) 前端 HTML 和 JavaScript：创建一个 HTML 文件，包含一个输入框和一个按钮。当用户输入内容并单击按钮时，AJAX 请求会发送到 PHP 脚本进行处理。

```
1.  <!DOCTYPE html>
2.  <html lang="en">
3.  <head>
4.      <meta charset="UTF-8">
```

```
5.        <title>AJAX and PHP Example</title>
6.        <script>
7.            function sendRequest() {
8.                var xhr = new XMLHttpRequest();
9.                var url = "process.php";
10.               var params = "name=" + document.getElementById("name").value;
11.               xhr.open("POST", url, true);
12.               xhr.setRequestHeader("Content-type", "application/x-www-form-urlencoded");
13.
14.               xhr.onreadystatechange = function () {
15.                   if (xhr.readyState == 4 && xhr.status == 200) {
16.                       document.getElementById("response").innerHTML = xhr.responseText;
17.                   }
18.               };
19.               xhr.send(params);
20.           }
21.       </script>
22.   </head>
23.   <body>
24.       <h1>AJAX and PHP Example</h1>
25.       <input type="text" id="name" placeholder="Enter your name">
26.       <button onclick="sendRequest()">Submit</button>
27.       <div id="response"></div>
28.   </body>
29.   </html>
```

（2）后端 PHP 脚本：创建一个名为 process.php 的 PHP 文件，用于处理 AJAX 请求。

```
1.    <?php
2.    if ($_SERVER["REQUEST_METHOD"] == "POST") {
3.        $name = htmlspecialchars($_POST['name']);
4.        echo "Hello, " . $name . "! This is your server response.";
5.    }
6.    ?>
```

使用 jQuery 库可以简化 AJAX 请求的代码。以下是使用 jQuery 的示例。

（1）前端 HTML 和 jQuery：在 HTML 文件中引入 jQuery，并使用 jQuery 的 $.ajax 方法发送请求。

```
1.    <!DOCTYPE html>
2.    <html lang="en">
3.    <head>
4.        <meta charset="UTF-8">
5.        <title>AJAX and PHP Example with jQuery</title>
6.        <script src="https://code.jquery.com/jquery-3.6.0.min.js"></script>
7.        <script>
8.            $(document).ready(function() {
9.                $("#submit").click(function() {
```

```
10.            var name = $("#name").val();
11.            $.ajax({
12.                type: "POST",
13.                url: "process.php",
14.                data: { name: name },
15.                success: function(response) {
16.                    $("#response").html(response);
17.                }
18.            });
19.        });
20.    });
21.    </script>
22. </head>
23. <body>
24.     <h1>AJAX and PHP Example with jQuery</h1>
25.     <input type="text" id="name" placeholder="Enter your name">
26.     <button id="submit">Submit</button>
27.     <div id="response"></div>
28. </body>
29. </html>
```

（2）后端 PHP 脚本：PHP 脚本 process.php 不需要任何变化。

AJAX 请求和响应通常使用 JSON 格式的数据进行传输。以下是一个处理 JSON 数据的示例。

① 前端 HTML 和 JavaScript。

```
1.  <!DOCTYPE html>
2.  <html lang="en">
3.  <head>
4.      <meta charset="UTF-8">
5.      <title>AJAX and PHP with JSON Example</title>
6.      <script>
7.          function sendRequest() {
8.              var xhr = new XMLHttpRequest();
9.              var url = "process_json.php";
10.             var params = JSON.stringify({ name: document.getElementById("name").value });
11.             xhr.open("POST", url, true);
12.             xhr.setRequestHeader("Content-type", "application/json");
13.
14.             xhr.onreadystatechange = function () {
15.                 if (xhr.readyState == 4 && xhr.status == 200) {
16.                     var response = JSON.parse(xhr.responseText);
17.                     document.getElementById("response").innerHTML = "Hello, " + response.name + "! This is your server response.";
18.                 }
19.             };
20.             xhr.send(params);
21.         }
22.     </script>
23. </head>
```

```
24.    <body>
25.        <h1>AJAX and PHP with JSON Example</h1>
26.        <input type="text" id="name" placeholder="Enter your name">
27.        <button onclick="sendRequest()">Submit</button>
28.        <div id="response"></div>
29.    </body>
30. </html>
```

② 后端 PHP 脚本：创建一个名为 process_json.php 的 PHP 文件，用于处理 JSON 请求。

```
1. <?php
2. if ($_SERVER["REQUEST_METHOD"] == "POST") {
3.     $data = json_decode(file_get_contents("php://input"), true);
4.     $name = htmlspecialchars($data['name']);
5.     echo json_encode(["name" => $name]);
6. }
7. ?>
```

通过以上示例，可以学习如何使用 AJAX 与 PHP 进行异步通信，从而创建动态、响应迅速的 Web 应用程序。这些技术在现代 Web 开发中非常重要，有助于提升用户体验和应用程序的性能。

思考题

Web 后端开发需要哪些基础知识？

即测即练

第 9 章 微信小程序开发

"骨曰切,象曰磋,玉曰琢,石曰磨,切磋琢磨,乃成宝器。"随着移动互联网的快速发展,小程序开发已经成为当今软件开发的一种重要方式,小程序开发框架则是实现高效、便捷、跨平台开发的关键。作为一种轻量级的应用程序,小程序不需要像传统的 App 一样进行下载安装,在微信、支付宝等平台即可直接使用。本章首先介绍了小程序的发展历史,探讨了小程序的技术支撑,其次主要通过介绍微信小程序的开发框架、流程,引领读者理解并掌握微信小程序的开发过程。

本章学习目标

(1) 理解小程序的发展历史;
(2) 理解微信小程序开发架构;
(3) 掌握微信小程序的开发流程。

扩展阅读 9-1 微信支付与新加坡旅游局达成三年战略合作 共建高质量智慧跨境游

9.1 小程序概述

随着互联网的发展,软件应用市场经历了从桌面互联网到移动互联网的跨越式发展的演变过程,最终形成了当前丰富多样且高度成熟的应用市场格局。

在起源阶段,软件开发者主要通过软件网站发布和分发他们的作品,用户则需要从这些网站下载并安装所需软件。随着移动互联网的崛起和智能手机的普及,软件应用市场的重心也逐渐从桌面转向移动设备。

这一转变的标志性事件之一是苹果公司推出 App Store,它不仅为用户提供了一个便捷的应用下载和更新平台,更为开发者提供了一个展示和销售他们作品的广阔舞台。App Store 的成功,为移动应用市场的蓬勃发展奠定了坚实的基础,吸引了越来越多的开发者和用户参与其中。

在发展阶段,随着移动设备的普及和网络技术的进步,移动应用程序(App)的数量呈现出爆发式增长。这些应用涵盖了工作、生活、娱乐等各个领域,极大地丰富了用户的选择。然而,随着 App 数量的增加,手机性能和内存管理的问题也逐渐凸显。用户面临着手机屏幕和内存被过多 App 占据的困境,手机运行速度变慢、存储容量紧张成为普遍现象。

为了解决这些问题,轻应用(Light App)和小程序等新型应用形式应运而生。这些应用具有快速启动、低内存占用、无须安装、跨平台支持等优势,能够在保证用户体验的同时,有效减轻手机性能和内存的压力。轻应用和小程序通过优化应用结构与加载方式,实现了应用的轻量化运行,让用户可以更加便捷地获取和使用各种服务。

其中,小程序作为一种新型的应用形态,凭借其独特的优势和生态系统的发展,迅速成为移动应用市场的新宠。小程序不需要用户下载安装即可直接使用,大大降低了使用门槛和用户流失率。同时,小程序占用的内存较少,对手机性能的要求也较低,能够在各种设备上流畅运行。此外,小程序还具有跨平台支持的特点,可以在多个平台上运行,为开发者提供了更加广阔的市场空间。

随着小程序等新型应用形式的不断发展壮大,移动应用市场的生态系统也日益完善。各大手机厂商和互联网公司纷纷推出自己的应用商店与应用平台,形成了多元化的竞争格局。这些平台不仅提供了丰富多样的应用资源和服务支持,还为开发者提供了更加便捷的开发环境和商业变现机会。

9.2 微信小程序开发架构

小程序作为轻量级应用的新形态,正逐渐成为连接用户与服务的重要桥梁,其开发的核心语言是 JavaScript。尽管 JavaScript 是网页开发的基石,小程序开发在很多方面借鉴了网页开发的模式,如利用 HTML、CSS 进行界面布局,以及通过 JavaScript 处理交互逻辑,但深入比较会发现二者在多个维度上展现出了差异性。

首先,在线程模型上,网页开发环境中,通常涉及渲染线程和脚本线程的协同工作,渲染线程负责页面的结构和样式呈现,而脚本线程执行 JavaScript 代码处理逻辑与交互。小程序环境则有所不同,以微信小程序为例,它基于腾讯自研的 JSCore 引擎运行,提供了更优化的线程管理机制,虽然也涉及多线程处理,但具体实现细节和性能优化策略更加贴近移动平台的特性,确保了应用的流畅运行。

其次,API 支持方面,网页开发依赖于 DOM(文档对象模型)API 和 BOM(浏览器对象模型)API,前者用于操作网页元素和结构,后者提供与浏览器窗口相关的功能接口。小程序中,则采用了一套定制化的 API 集,这些 API 设计更加贴近原生应用的能力,如访问设备硬件、实现复杂动画效果等,同时避免了直接操作 DOM 带来的性能问题,提升了用户体验。

再者,运行环境的不同显著区分了小程序与网页开发。网页主要运行在各种浏览器内核上,无论是桌面端的 Chrome、Firefox,还是移动端的 Safari、Chrome for Android,都需要考虑兼容性问题。而小程序则运行在特定的宿主环境中,如微信客户端、支付宝小程序环境等,这使得开发者更聚焦于业务逻辑,无须过多担忧跨平台兼容性,因为每个平台的小程序环境都有其标准和规范,且往往提供专门的开发者工具来辅助开发、调试和发布流程,极大提升了开发效率。

此外,随着生态的成熟,小程序开发也开始拥抱现代前端开发的便利,如支持通过 NPM 管理依赖、引入模块化开发模式等,这在缩小与网页开发体验差距的同时,也为小程序开发者带来了更多高效工具和实践选择。总之,尽管小程序开发与网页开发共享 JavaScript 这一技术基础,但在线程模型、API 支持、运行环境等层面展示出的特异性,促使开发者针对性地学习与适应,以充分利用小程序平台的优势,为用户提供更加丰富、流畅的应用体验,如表 9-1 所示。

表 9-1 小程序的运行环境

运行环境	逻辑层	渲染层
iOS	JavaScriptCore	WKWebView
安卓	X5 JSCore	X5 浏览器
小程序开发者工具	NWJS	Chrome WebView

9.2.1 微信小程序框架介绍

微信客户端给小程序提供的环境为宿主环境。小程序借助宿主环境提供的能力,可以实现许多普通网页无法实现的功能。微信小程序基本架构由逻辑层、视图层和微信客户端三部分组成。

(1)逻辑层:开发者可以使用 JavaScript 编写代码,处理小程序的业务逻辑、数据管理和页面跳转等任务。通过微信提供的框架,开发者可以便捷地访问和修改应用状态,实现复杂的业务逻辑。

(2)视图层:用户与小程序交互的窗口,开发者使用 WXML(WeiXin Markup Language)和 WXSS(WeiXin Style Sheets)来构建用户界面。WXML 类似于 HTML,但专为小程序定制,允许开发者使用微信提供的丰富组件来快速搭建页面。WXSS 则用于描述页面的样式,开发者可以使用它来定义页面的布局、颜色、字体等。

(3)微信客户端:微信客户端是小程序的宿主环境,负责加载和解析小程序的逻辑代码和视图代码,并提供用户交互的接口。它拥有强大的性能和极高的稳定性,能够确保小程序在各种设备和网络环境下都流畅运行。

微信小程序的双线程模型将逻辑层和渲染层分开,通过数据绑定和事件处理机制实现两者之间的通信。开发者可以在逻辑层中定义数据模型,并将其与视图层中的元素进行绑定。当数据发生变化时,视图层会自动更新以反映这些变化,实现数据的实时同步。同时,开发者还可以在逻辑层中定义事件处理函数,用于响应用户的交互操作,如单击按钮、滑动页面等,如图 9-1 所示。

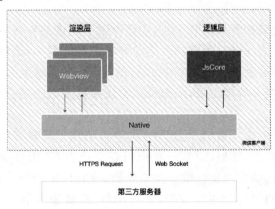

图 9-1 渲染层和逻辑层通信模型

该框架精髓在于其高效的数据绑定引擎,确保数据与视图无缝同步,简化同步过程。数据变动时,仅需逻辑层更新数据,视图层自动响应变化,实现动态呈现。视图层数据见代码 9-1,逻辑层数据见代码 9-2。

代码 9-1

```
<!-- This is our View -->
<view> Hello {{name}}! </view>
<button bindtap = "changeName"> Click me! </button>
```

代码 9-2

```
// This is our App Service.
// This is our data.
var helloData = {
  name: 'Weixin'
}

// Register a Page.
Page({
  data: helloData,
  changeName: function(e) {
    // sent data change to view
    this.setData({
      name: 'MINA'
    })
  }
})
```

开发者利用框架的绑定机制,巧妙地将逻辑层的数据字段 name 与视图层的展示内容绑定,确保了应用启动瞬间即呈现"Hello WeChat!"的友好问候,如图 9-2 所示。而用户单击界面上的按钮这一交互行为,成为触发契机——视图层向逻辑层发出 changeName 事件的信号。逻辑层迅速响应,定位并执行与之关联的事件处理器。此处理器通过调用 setData 方法,将存储在 data 对象中的 name 属性值由"Weixin"切换至"MINA"。得益于前期建立的数据绑定机制,视图层自动感知这一变化,即时将显示内容更新为"Hello MINA!",实现动态交互的流畅体验。

微信小程序框架的精妙不仅仅限于此,它还内置了先进的页面路由管理系统和生命周期管理策略。前者赋予开发者自由定制页面间导航逻辑的能力,确保多页面应用间的过渡自然无痕。后者则让开发者精准控制代码执行的时机,在页面生命周期的关键节点(如加载、显示、隐藏或卸载)嵌入特定逻辑,无论是初始化数据获取还是资源的及时回收,皆能游刃有余。

框架提供的丰富组件库与微信原生 API 进一步拓宽了开发者的创意空间。从基础的按钮、输入框到复杂的列表、导航结构,一系列精心设计的 UI 组件极大地简化了界面布局的工作,助力开发者快速搭建视觉效果丰富的界面。同时,借助微信原生 API,开发者能深度融入微信生态,轻松调用诸如用户授权、支付功能、位置服务等一系列高级功能,为小程序添加更多实用价值。

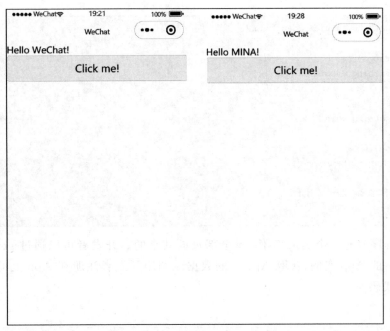

图 9-2　数据绑定变化图

综上所述,微信小程序凭借其创新的架构设计、高效的双线程运行模式、全面的组件支持及强大的 API 集成,为移动应用开发者铺设了一条高效、灵活且功能完备的开发路径。在微信提供的强大工具链支持下,开发者能够迅速将创意转化为现实,打造出既具视觉吸引力又富含深度业务逻辑的小程序应用,全面提升用户体验,满足多元化市场需求。

9.2.2　逻辑层 App Service

小程序开发框架的逻辑层使用 JavaScript 引擎为小程序提供开发 JavaScript 代码的运行环境以及微信小程序的特有功能。

逻辑层将数据处理后发送给视图层,同时接受视图层的事件反馈。

开发者写的所有代码最终将会打包成一份 JavaScript 文件,并在小程序启动的时候运行,直至小程序销毁。这一行为类似 Service Worker,所以逻辑层也称为 App Service。其中,小程序框架的逻辑层并非运行在浏览器中,因此 JavaScript 在 Web 中的一些能力都无法使用,如 window、document 等。

1. 注册小程序

每个小程序都需要在 app.js 中调用 App 方法注册小程序实例,绑定生命周期回调函数、错误监听和页面不存在监听函数等。App 实例见代码 9-3。

代码 9-3

```
// app.js
App({
  onLaunch (options) {
```

```
    // Do something initial when launch.
  },
  onShow (options) {
    // Do something when show.
  },
  onHide () {
    // Do something when hide.
  },
  onError (msg) {
    console.log(msg)
  },
  globalData: 'I am global data'
})
```

整个小程序只有一个 App 实例,是全部页面共享的。开发者可以通过 getApp 方法获取到全局唯一的 App 实例,获取 App 上的数据或调用开发者注册在 App 上的函数。获取 App 实例见代码 9-4。

代码 9-4

```
// xxx.js
const appInstance = getApp()
console.log(appInstance.globalData)      // I am global data
```

对于小程序中的每个页面,都需要在页面对应的 js 文件中进行注册,指定页面的初始数据、生命周期回调函数、事件处理函数等。

2. 注册页面

1) 使用 Page 构造器注册页面

简单的页面可以使用 Page() 进行构造,如代码 9-5 所示。

代码 9-5

```
//index.js
Page({
  data: {
    text: "This is page data."
  },
  onLoad: function(options) {
    // 页面创建时执行
  },
  onShow: function() {
    // 页面出现在前台时执行
  },
  onReady: function() {
    // 页面首次渲染完毕时执行
  },
  onHide: function() {
    // 页面从前台变为后台时执行
  },
```

```js
  onUnload: function() {
    // 页面销毁时执行
  },
  onPullDownRefresh: function() {
    // 触发下拉刷新时执行
  },
  onReachBottom: function() {
    // 页面触底时执行
  },
  onShareAppMessage: function () {
    // 页面被用户分享时执行
  },
  onPageScroll: function() {
    // 页面滚动时执行
  },
  onResize: function() {
    // 页面尺寸变化时执行
  },
  onTabItemTap(item) {
    // tab 单击时执行
    console.log(item.index)
    console.log(item.pagePath)
    console.log(item.text)
  },
  // 事件响应函数
  viewTap: function() {
    this.setData({
      text: 'Set some data for updating view.'
    }, function() {
      // this is setData callback
    })
  },
  // 自由数据
  customData: {
    hi: 'MINA'
  }
})
```

2）在页面中使用 behaviors

页面可以引用 behaviors。behaviors 可以用来让多个页面有相同的数据字段和方法。behaviors 实例设置见代码 9-6。behaviors 实例使用见代码 9-7。

代码 9-6

```js
// my-behavior.js
module.exports = Behavior({
  data: {
    sharedText: 'This is a piece of data shared between pages.'
  },
  methods: {
    sharedMethod: function() {
      this.data.sharedText === 'This is a piece of data shared between pages.'
    }
  }
})
```

代码 9-7

```
// page-a.js
var myBehavior = require('./my-behavior.js')
Page({
  behaviors: [myBehavior],
  onLoad: function() {
    this.data.sharedText === 'This is a piece of data shared between pages.'
  }
})
```

3）使用 Component 构造器构造页面

Page 构造器适用于简单的页面。对于复杂的页面，Page 构造器可能并不好用。此时，可以使用 Component 构造器来构造页面。Component 构造器与 Page 构造器的主要区别是：方法需要放在 methods：{ }里面，如代码 9-8 所示。

代码 9-8

```
Component({
  data: {
    text: "This is page data."
  },
  methods: {
    onLoad: function(options) {
      // 页面创建时执行
    },
    onPullDownRefresh: function() {
      // 下拉刷新时执行
    },
    // 事件响应函数
    viewTap: function() {
      // ...
    }
  }
})
```

这种创建方式非常类似于自定义组件，可以像自定义组件一样使用 behaviors 等高级特性。

3. 模块化

将通用代码抽取至独立 JS 文件，实现模块化管理。模块须借助 module.exports 或 exports 暴露接口，但注意 exports 实质为 module.exports 的引用，任意改写 exports 指向可能导致意外错误，因此推荐直接使用 module.exports 来明确输出模块接口。

小程序环境限制直接引入 node_modules，建议开发者根据需求，要么将所需 node_modules 中的代码复制到小程序相应目录下，要么利用小程序内置的 NPM 支持功能来妥善集成。common 模块见代码 9-9。

代码 9-9

```
// common.js
function sayHello(name) {
  console.log(`Hello ${name}!`)
}
function sayGoodbye(name) {
  console.log(`Goodbye ${name}!`)
}

module.exports.sayHello = sayHello
exports.sayGoodbye = sayGoodbye
```

在需要使用这些模块的文件中,使用 require 将公共代码引入,见代码 9-10。

代码 9-10

```
var common = require('common.js')
Page({
  helloMINA: function() {
    common.sayHello('MINA')
  },
  goodbyeMINA: function() {
    common.sayGoodbye('MINA')
  }
})
```

4. 文件作用域

在 JavaScript 文件中声明的变量和函数只在该文件中有效;不同的文件中可以声明相同名字的变量和函数,不会互相影响。

通过全局函数 getApp 可以获取全局的应用实例,如果需要全局的数据可以在 App() 中设置,如代码 9-11 所示。

代码 9-11

```
// app.js
App({
  globalData: 1
})
```

```
// a.js
// The localValue can only be used in file a.js.
var localValue = 'a'
// Get the app instance.
var app = getApp()
// Get the global data and change it.
app.globalData++
```

```
// b.js
// You can redefine localValue in file b.js, without interference with the localValue in a.js.
var localValue = 'b'
// If a.js it run before b.js, now the globalData shoule be 2.
console.log(getApp().globalData)
```

5. API

小程序开发框架整合了广泛的微信原生 API,极大地简化了访问微信的过程,涵盖从获取用户信息、本地数据存储到实现支付功能等关键操作。该框架下的 API 主要分为四大类,以满足多样化的开发需求。

1) 事件监听 API

此类 API 以 on 打头,专门用于监听特定事件的发生,如 wx.onSocketOpen 监控 WebSocket 连接打开,wx.onCompassChange 跟踪罗盘变化。它们是响应式编程的基础,确保小程序即时响应外部状态变动。

2) 同步 API

标识为 Sync 后缀的 API 属于同步调用类型,如 wx.setStorageSync 用于立即设置本地存储,wx.getSystemInfoSync 即时获取系统信息。除这些典型代表外,还包括 wx.createWorker 创建 Web Worker 及 wx.getBackgroundAudioManager 控制后台音频等。这类 API 直接通过函数返回值反馈执行结果,若执行中遇到错误,则直接抛出异常。特别地,它们并不采用回调函数传递结果,而是直接操作。

3) 异步 API

构成小程序 API 主体的异步接口,如 wx.request 发起网络请求、wx.login 进行用户登录认证,它们设计用于处理潜在的耗时操作。这些 API 接受一个对象参数,允许开发者自定义回调以捕获成功或失败的调用结果。虽然部分异步 API 也提供即时返回值以增强灵活性(如 wx.request 的请求任务标识),但核心数据传递依然依赖于回调机制完成。

4) 云开发 API

集成微信云开发服务后,小程序能够直接调用云端函数,通过云开发 API 实现前后端无缝衔接。这一特性极大拓宽了小程序的功能边界,让开发者无须维护服务器,即可快速构建强大、可扩展的应用服务。

综上所述,小程序开发框架通过这四大类 API 的精妙布局,不仅优化了开发效率,还充分挖掘了微信生态的潜力,为创造丰富多样的用户体验提供了坚实的技术支撑。

9.2.3 视图层 View

框架的视图层由 WXML 与 WXSS 编写,由组件来进行展示,将逻辑层的数据反映成视图,同时将视图层的事件发送给逻辑层。WXML 用于描述页面的结构。WXS 是小程序的一套脚本语言,结合 WXML,可以构建出页面的结构。WXSS 用于描述页面的样式。组件(Component)是视图的基本组成单元。

1. WXML

WXML 是框架设计的一套标签语言,结合基础组件、事件系统,可以构建出页面的结构。

1）数据绑定

数据绑定实例见代码 9-12。

代码 9-12

```
<!-- wxml -->
<view> {{message}} </view>
```

```
// page.js
Page({
  data: {
    message: 'Hello MINA!'
  }
})
```

2）列表渲染

列表渲染实例见代码 9-13。

代码 9-13

```
<!-- wxml -->
<view wx:for = "{{array}}"> {{item}} </view>
```

```
// page.js
Page({
  data: {
    array: [1, 2, 3, 4, 5]
  }
})
```

3）条件渲染

条件渲染实例见代码 9-14。

代码 9-14

```
<!-- wxml -->
<view wx:if = "{{view == 'WEBVIEW'}}"> WEBVIEW </view>
<view wx:elif = "{{view == 'APP'}}"> APP </view>
<view wx:else = "{{view == 'MINA'}}"> MINA </view>
```

```
// page.js
Page({
  data: {
    view: 'MINA'
  }
})
```

4）模板

模板实例见代码 9-15。

代码 9-15

```
<!-- wxml -->
<template name = "staffName">
  <view>
    FirstName: {{firstName}}, LastName: {{lastName}}
```

```
    </view>
</template>

<template is = "staffName" data = "{{...staffA}}"></template>
<template is = "staffName" data = "{{...staffB}}"></template>
<template is = "staffName" data = "{{...staffC}}"></template>
```

```
// page.js
Page({
  data: {
    staffA: {firstName: 'Hulk', lastName: 'Hu'},
    staffB: {firstName: 'Shang', lastName: 'You'},
    staffC: {firstName: 'Gideon', lastName: 'Lin'}
  }
})
```

2. WXSS

WXSS 是一套样式语言,用于描述 WXML 的组件样式,用来决定 WXML 的组件应该怎么显示。为了适应广大的前端开发者,WXSS 具有 CSS 大部分特性。同时为了更适合开发微信小程序,WXSS 对 CSS 进行了扩充以及修改。与 CSS 相比,WXSS 扩展的特性有:①尺寸单位;②样式导入。

3. WXS

WXS 是内联在 WXML 中的脚本段。通过 WXS 可以在模板中内联少量处理脚本,丰富模板的数据预处理能力。另外,WXS 还可以用来编写简单的 WXS 事件响应函数。从语法上看,WXS 类似于有少量限制的 JavaScript。以下是一些使用 WXS 的简单示例。

1)页面渲染

页面渲染实例见代码 9-16。

代码 9-16

```
<!-- wxml -->
<wxs module = "m1">
var msg = "hello world";

module.exports.message = msg;
</wxs>

<view> {{m1.message}} </view>
```
结果:hello world

2)数据处理

数据处理实例见代码 9-17。

代码 9-17

```
// page.js
Page({
```

```
  data: {
    array: [1, 2, 3, 4, 5, 1, 2, 3, 4]
  }
})
```

```
<!-- wxml -->
<!-- 下面的 getMax 函数,接受一个数组,且返回数组中最大的元素的值 -->
<wxs module = "m1">
var getMax = function(array) {
  var max = undefined;
  for (var i = 0; i < array.length; ++i) {
    max = max === undefined ?
      array[i] :
      (max >= array[i] ? max : array[i]);
  }
  return max;
}

module.exports.getMax = getMax;
</wxs>

<!-- 调用 wxs 里面的 getMax 函数,参数为 page.js 里面的 array -->
<view> {{m1.getMax(array)}} </view>
结果:5
```

4. 组件

框架为开发者提供了一系列基础组件,开发者可以通过组合这些基础组件进行快速开发。组件是视图层的基本组成单元,自带一些功能与微信风格一致的样式。一个组件通常包括开始标签和结束标签,属性用来修饰这个组件,内容在两个标签之内。组件实例见代码 9-18。

代码 9-18

```
< tagname property = "value">
Content goes here ...
</tagname >
```

5. 事件系统

事件是视图层到逻辑层的通信方式,可以将用户的行为反馈到逻辑层进行处理。事件可以绑定在组件上,当达到触发事件,就会执行逻辑层中对应的事件处理函数。事件对象可以携带额外信息,如 id,dataset,touches。

在组件中绑定一个事件处理函数,如 bindtap,当用户单击该组件的时候,会在该页面对应的 Page 中找到相应的事件处理函数。事件绑定实例见代码 9-19。

代码 9-19

```
< view id = "tapTest" data – hi = "Weixin" bindtap = "tapName"> Click me! </view>
```

在相应的 Page 定义中写上相应的事件处理函数,参数是 event。事件处理实例见代码 9-20。

代码 9-20

```
Page({
  tapName: function(event) {
    console.log(event)
  }
})
```

可以看到 log 出来的信息大致如代码 9-21 所示。

代码 9-21

```
{
  "type":"tap",
  "timeStamp":895,
  "target": {
    "id": "tapTest",
    "dataset": {
      "hi":"Weixin"
    }
  },
  "currentTarget": {
    "id": "tapTest",
    "dataset": {
      "hi":"Weixin"
    }
  },
  "detail": {
    "x":53,
    "y":14
  },
  "touches":[{
    "identifier":0,
    "pageX":53,
    "pageY":14,
    "clientX":53,
    "clientY":14
  }],
  "changedTouches":[{
    "identifier":0,
    "pageX":53,
    "pageY":14,
    "clientX":53,
    "clientY":14
  }]
}
```

9.3　微信小程序开发流程

微信小程序开发是一种基于微信平台，利用前端技术（如 JavaScript、HTML、CSS）进行开发，实现轻量级应用创建的过程。开发过程包括注册小程序、搭建开发环境、编写代码、调试预览、上传审核及发布上线等步骤。小程序具有无须安装、即用即走、跨平台运行等优势,广泛应用于电商、餐饮、教育等多个领域。

9.3.1 申请 AppID

开发小程序的第一步,需要拥有一个小程序 AppID,后续的所有开发流程会基于这个 AppID 来完成。小程序的注册非常简单,只需几个操作。

使用浏览器打开 https://mp.weixin.qq.com/,单击立即注册,如图 9-3、图 9-4 所示,在打开的页面中选择小程序后,填入相关的信息,就可以完成注册了。

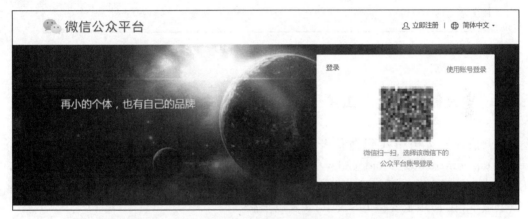

图 9-3 登录页面

图 9-4 注册小程序

注册成功之后,单击"设置"—"开发设置"就可以看到小程序的 AppID,如图 9-5 所示。

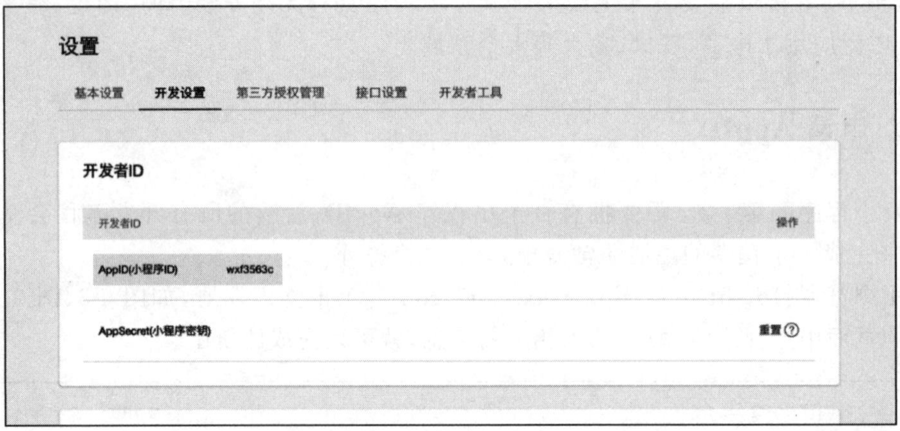

图 9-5　获取 AppID

9.3.2　安装微信开发者工具

在微信开发文档中找到微信开发者工具的下载页面，或者直接输入 https://mp.weixin.qq.com/debug/wxadoc/dev/devtools/download.html，根据自己的操作系统下载对应的安装包进行安装。需要注意的是，微信开发者工具在 Windows 上仅支持 Windows 7 及以上版本，在 Mac 上支持 OS X 10.8 及以上版本。

在 Windows 上双击下载完成的安装文件，如图 9-6 所示，根据提示单击下一步，即可完成安装。安装成功后，可以在桌面或者开始菜单中找到微信开发者工具的快捷方式，打开即可。

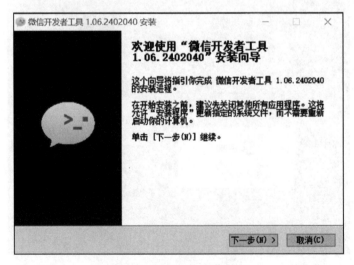

图 9-6　Windows 安装界面

在 Mac 上双击下载的 dmg 文件后，将小程序图标拖动至 Applications 中，然后在应用程序列表中打开微信开发者工具，如图 9-7 所示。

图 9-7　Mac 的安装界面

9.4　微信小程序开发实例

在登录页,可以使用微信扫码登录开发者工具,微信开发者工具将使用这个微信账号的信息进行小程序的开发和调试(图 9-8)。

图 9-8　微信开发者工具登录页

登录微信开发者工具后可以看到当前所有项目的管理状态,如图 9-9 所示。当前微信开发者工具支持开发小程序、公众号等。

图 9-9 登录微信开发者工具

9.4.1 创建小程序

当创建新的小程序项目时,需要填写项目名称,选取项目存放路径,并使用开发者账号或者测试号进行开发,如图 9-10 所示。为方便开发者开发和体验小程序、小游戏的各种能力,开发者可以申请小程序或小游戏的测试号,并使用此账号在开发者工具中创建项目进行开发测试,以及真机预览体验。开发模式提供小程序和插件两种,默认为小程序。针对后端服务,微信开发者工具还提供云开发模式,开发者可以将后端部署到微信云上。

图 9-10 创建小程序

为了更好地帮助初学者开发微信小程序，微信开发者工具还提供了几十种小程序模板，如图9-11所示。

图9-11 小程序开发模板

9.4.2 微信开发者工具IDE

微信开发者工具基于nw.js，使用node.js、chromium以及系统API来实现底层模块，使用React、Redux等前端技术框架来搭建用户交互层，实现同一套代码跨Mac和Windows平台使用。微信开发者工具底层框架如图9-12所示。

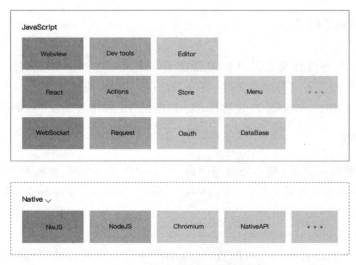

图9-12 微信开发者工具底层框架

对于任何程序的开发而言，都需要一个与之相对的IDE，IDE的使用可以极大地提高编程效率和编程开发速度，减少很多不必要的麻烦。对于微信小程序的开发，官方也出品了对应的 IDE，PC 端基于 Chrome 内核的开发者工具，不仅仅提供了一个用于用户书写代码的环境，更是在其中增加了调试、代码高亮、项目管理、代码提示、自动完成等功能。以选用 TS-基础模板为例，开发者会进入微信开发者工具的 IDE 中，如图 9-13 所示。

图 9-13　微信开发者工具 IDE

对于微信小程序开发工具而言，由于部分 API 是通过模拟返回的，所以并不一定能显示出真实的用户信息或者需要的数据。但绝大部分的 API 均能在模拟器上呈现出正确的状态。开发者工具主界面，从上到下，从左到右，分别为菜单栏、工具栏、模拟器、目录树、编辑区、调试器六大部分，单击顶部菜单编译就可以在微信开发者工具中预览小程序。

9.4.3　小程序代码构成

在 9.4.2 节中，通过开发者工具快速创建了一个 QuickStart 项目，通过资源管理器发现这个项目里边生成了不同类型的文件：.json 后缀的 JSON 配置文件，.wxml 后缀的 WXML 模板文件，.wxss 后缀的 WXSS 样式文件，.ts 后缀的 JS 脚本逻辑文件，如图 9-14 所示。

1. JSON 配置

JSON 是一种数据格式，并不是编程语言，在小程序中，JSON 扮演静态配置的角色。

项目的根目录有一个 app.json 和 project.config.json，此外在 pages/logs 目录下还有一个 logs.json。

1) 小程序配置 app.json

app.json 是当前小程序的全局配置，包括小程序的所有页面路径、界面表现、网络超时时间、底部 tab 等。QuickStart 项目里的 app.json 配置内容如代码 9-22 所示。

图 9-14 资源管理器

代码 9-22

```
{
  "pages":[
    "pages/index/index",
    "pages/logs/logs"
  ],
  "window":{
    "backgroundTextStyle":"light",
    "navigationBarBackgroundColor": "#fff",
    "navigationBarTitleText": "Weixin",
    "navigationBarTextStyle":"black"
  }
}
```

pages 字段——用于描述当前小程序所有页面路径,这是为了让微信客户端知道当前小程序页面定义在哪个目录。

window 字段——定义小程序所有页面的顶部背景颜色、文字颜色定义等。

2)工具配置 project.config.json

开发者往往根据个人偏好对工具进行定制配置,如界面主题、编译设置等。然而,更换设备或重装工具时,这些个性化设置往往需重新调整,造成不便。

为应对这一挑战,微信开发者工具采取了智能化措施。它会在每个项目的根目录自动生成一个 project.config.json 文件,该文件会自动记录工具内的所有配置改动。这样一来,当开发者在新设备上重新安装工具并加载同一项目时，工具将自动读取此配置文件，无缝恢复先前的个性化设置，涵盖编辑器色彩主题、代码自动压缩等众多选项，极大地提升了跨环境开发的一致性和效率。

3）页面配置 page.json

page.json 文件本质上服务于特定页面的配置需求，诸如对 pages/logs 路径下 logs.json 的定制，专注于与页面相关的个性化设置。设想一个小程序采用了统一的蓝色主题，全局风格设定可便捷地在 app.json 中指定顶部栏为蓝色。然而，在复杂应用场景下，每个页面或许需依据其功能模块采用不同色彩以提高区分度。鉴于此，微信开发者工具引入 page.json 功能，赋予开发者更高的灵活性，使他们能针对每个页面独立调整诸如顶部颜色、是否启用下拉刷新等特性，从而精准控制并提升用户体验。

2. WXML 模板

网页编程采用的是 HTML+CSS+JS 这样的组合，其中，HTML 用来描述当前这个页面的结构，CSS 用来描述页面的样子，JS 通常用来处理这个页面和用户的交互。同样道理，在小程序中也有同样的角色，其中 WXML 充当的就是类似 HTML 的角色。打开 pages/index/index.wxml，就会看到代码 9-23 所示内容。

代码 9-23

```
<view class = "container">
  <view class = "userinfo">
    <button wx:if = "{{!hasUserInfo && canIUse}}"> 获取头像昵称 </button>
    <block wx:else>
      <image src = "{{userInfo.avatarUrl}}" background-size = "cover"></image>
      <text class = "userinfo-nickname">{{userInfo.nickName}}</text>
    </block>
  </view>
  <view class = "usermotto">
    <text class = "user-motto">{{motto}}</text>
  </view>
</view>
```

和 HTML 非常相似，WXML 由标签、属性等构成。但是也有很多不一样的地方，具体内容可参考微信官方文档。

3. WXSS 样式

WXSS 不仅继承了 CSS 的核心特性，还针对小程序生态进行了特有扩展与调整。其中一大创新是引入全新的尺寸单位——rpx(responsive pixel)，有效应对了移动设备屏幕尺寸多样及设备像素比差异的挑战。rpx 单位的设计让开发者无须烦琐的手动换算，直接编写样式，由小程序框架自动完成适配转换，极大地降低了跨设备界面布局的复杂度。尽管转换过程基于浮点运算，可能导致极微小的尺寸偏差，但这通常对视觉效果影响甚微。

此外，WXSS 借鉴了小程序的配置逻辑，区分全局样式(app.wxss)与局部样式(page.wxss)。全局样式文件定义的应用程序级规则将应用于小程序内的每一个页面，为整个应用奠定统一的视觉基调；而每个页面独有的 page.wxss 则专注于实现该页面特定的样式需求,确保设计的灵活性与针对性。值得注意的是,WXSS 在选择器的支持上有所取舍,目前仅实现了 CSS 选择器的一部分功能,旨在平衡性能与开发便利性。

4．JS 逻辑交互

一个服务仅仅有界面展示是不够的,还需要和用户做交互：响应用户的单击、获取用户的位置等。在小程序里边,通过编写 JS 脚本文件来处理用户的操作,见代码 9-24。

代码 9-24

```
<view>{{ msg }}</view>
<button bindtap = "clickMe">单击我</button>
```

希望单击 button 按钮的时候,把界面上 msg 显示成"Hello World",可以在 button 上声明一个属性：bindtap,在 JS 文件里边声明 clickMe 方法来响应这次单击操作,如代码 9-25 所示。

代码 9-25

```
Page({
  clickMe: function() {
    this.setData({ msg: "Hello World" })
  }
})
```

此外,还可以在 JS 中调用小程序提供的丰富的 API,利用这些 API 可以很方便地调用微信提供的能力,如获取用户信息、本地存储、微信支付等。在前面的 QuickStart 例子中,在 pages/index/index.js 就调用了 wx.getUserInfo 获取微信用户的头像和昵称,最后通过 setData 将获取到的信息显示到界面上。

通过这个章节,可以了解微信小程序的发展历程、技术框架、开发流程,以及通过一个开发实例学习微信小程序的开发工作。

 思考题

1. 简述轻应用的特点。
2. 简述网页和小程序在前端开发中的异同。
3. 简述微信小程序框架。

即测即练

应用篇

第 10 章

基于专利数据分析的船舶产业技术主题识别

在当前全球经济中,船舶产业作为国家战略性产业,其技术创新对于提升国际竞争力至关重要。利用专利数据分析识别船舶产业的关键技术主题,有助于支持产业的创新驱动发展。本章在收集船舶领域专利文档数据的基础上,借助复杂网络模型构建专利IPC 关联网络,通过社区划分方法,识别产业中代表核心技术的节点;进而,利用 LDA 主题聚类算法,对专利的摘要数据进行主题聚类。本章拟通过该案例进一步展示数据分析在管理实践中的重要作用,主要包括案例背景及分析目标、数据准备、核心技术分析、技术主题识别等,帮助读者进一步理解数据分析相关理论及方法在现实中的综合运用。

本章学习目标

(1) 了解数据分析相关理论和方法在管理实践中的作用;

(2) 理解现实数据分析的一般过程,能够根据分析任务学习与选择合理的模型和方法。

10.1 案例背景及分析目标

随着诸如人工智能、云计算等新兴技术与传统行业的深度结合,企业在提升创新能力方面面临着更大的挑战。专利作为技术创新成果的关键物理载体,详细记录了企业在创新过程中的关键技术。深入分析专利文档,有利于企业快速了解行业核心技术,进而实施行之有效的专利战略,对于推动企业的创新驱动发展至关重要。

船舶产业作为国家经济核心支柱,对于我国推进"海洋强国"战略、实现经济的高质量发展具有重要作用。面对当前专利数量的快速增长,系统地梳理和细致分析船舶领域的专利尤为必要,有助于企业更有效地识别领域核心技术,明确技术创新的路径,并据此优化其管理决策和战略规划。对此,本案例对船舶产业相关专利展开数据分析,主要目标如下。

扩展阅读 10-1 知识产权赋能高质量发展

(1) 利用数据采集技术构建案例所需的专利数据集。

(2) 借助理论模型对数据展开分析,探查领域核心技术。

(3) 针对专利文本,进行聚类分析,识别技术主题。

10.2 数据准备

本节通过 AMiner 平台(https://www.aminer.cn/)检索并收集"船舶"相关专利数据。检索结果中,专利以罗列方式呈现,每项专利的详情以单击触发页面跳转的方式显示,且专利详情页为静态网页。由此,采用动态页面和静态页面相结合的数据采集技术获取专利数据,具体方案如下。

(1) 利用 Python 语言的 selenium 包构建 Webdriver,打开检索页的首页,如代码 10-1 所示。

代码 10-1

```
1   from selenium import webdriver
2   from selenium.webdriver.common.by import By
3   from selenium.webdriver.common.keys import Keys
4   import time
5   #创建 Webdriver
6   driver = webdriver.Firefox()
7   #打开检索页首页
8   driver.get('https://www.aminer.cn/search/patent?q=%E8%88%B9%E8%88%B6&t=b')
9   #程序暂停,确保页面加载完成
10  time.sleep(1)
```

(2) 通过 CSS 选择器实现每项专利详情页地址的获取;通过单击事件和循环控制实现自动化翻页,将所有地址存放于 links.txt 文件,如代码 10-2 所示。

代码 10-2

```
1   #检索页面有 500 页,相应设置循环上限
2   for i in range(1,501):
3       #CSS 选择连接所在元素
4       links = driver.find_elements_by_css_selector('div[class="a-aminer-components-patent-item-patent_item-title"] a')
5       fw = open(r'.\links.txt', 'a', encoding='utf-8')
6       #获取连接并写入文件
7       for link in links:
8           fw.write(link.get_attribute('href') + '\n')
9       fw.close()
10      #单击事件实现翻页
11      bnext = driver.find_element_by_css_selector('li[title="Next Page"] a[class="ant-pagination-item-link"]')
12      driver.execute_script('arguments[0].click()',bnext)
13      time.sleep(1)
14  driver.quit()
```

(3) 针对每个详情页地址,采用 requests 和 BeautifulSoup 包进行相关数据的抓取,存放于 data.txt 文件,如代码 10-3 所示。

代码 10-3

```
1   import requests as rq, time
2   from bs4 import BeautifulSoup as bs
3   # 构造请求头信息
4   headers = {'Cookie': '_ga = GA1.2.850939158.1701418694; _Collect_UD = LmulO0iOgU3fl3mniDOQU; _
    Collect_UD_Create_Time = Fri%20Dec%2001%202023%2016%3A18%3A18%20GMT+0800%20%28%
    u4E2D%u56FD%u6807%u51C6%u65F6%u95F4%29; gr_user_id = 0184d5a9 – a6ad – 4343 – 94f8 –
    0774d32dcec2; _gid = GA1.2.36758160.1705548157; Hm_lvt_dc703135c31ddfba7bcda2d15caab04e =
    1705548159; Hm_lvt_789fd650fa0be6a2a064d019d890b87f = 1705548159; Hm_lvt_6b029ce1079ea
    4976b430cc9965724db = 1705548159; _Collect_ISNEW = 1705548159478; _YS_userAccect = jCAGia_–
    bzf0b4xfeOYwl; searchType = patent; Hm_lpvt_dc703135c31ddfba7bcda2d15caab04e = 1705556150; Hm_lpvt_
    789fd650fa0be6a2a064d019d890b87f = 1705556150; Hm_lpvt_6b029ce1079ea4976b430cc9965724db =
    1705556150; _Collect_SN = 42', 'User – Agent': 'Mozilla/5.0 (Windows NT 10.0; WOW64) AppleWebKit/537.
    36 (KHTML, like Gecko) Chrome/65.0.3325.181 Safari/537.36'
    }
5   # 定义抓取函数
6   def detail_info(url):
7       response = rq.get(url, headers = headers)
8       response.encoding = 'utf – 8'
9       soup = bs(response.text, 'lxml')
10      title = soup.select('div[class = "a – aminer – core – patent – home – index – header"] h1')
11      info = soup.select('div[class = "a – aminer – core – patent – home – index – infoItem"]')
12      abstract = soup.select('div[id = "abstract"]')
13      # 写入文件
14      fw = open(r'.\data.txt', 'a', encoding = 'utf – 8')
15      fw.write(title[0].get_text() + '\n')
16      for i in info:
17          fw.write(i.get_text() + '\n')
18      fw.write('摘要 ' + abstract[0].get_text() + '\n')
19      fw.write('\n')
20      fw.close()
21  # 调用函数，针对 links.txt 中每个地址进行信息抓取
22  fr = open(r'.\links.txt', 'r')
23  for line in fr:
24      try:
25          url = line.strip()
26          detail_info(url)
27          time.sleep(1)
28      except:
29          print(line.strip())
30  fr.close()
```

通过上述数据采集过程，共获取专利数据10 009条，每条专利数据包含发明人、申请人、申请日、公开（公告）日、IPC分类号、摘要等信息。由于本章重点对专利数据中的技术主题进行识别分析，因此对所获得的数据集进行精简，仅保留每条专利数据中的申请人、公开（公告）日、IPC分类号、摘要四类信息，并将其存储于CSV文件中，具体过程如代码10-4所示。

代码 10-4

```
1   fr = open(r'.\data\data.txt','r',encoding = 'utf-8')
2   fw = open(r'.\data.csv','w',errors = 'ignore')
3   new = True
4   fw.write('申请人,公开(公告)日,IPC分类号,摘要\n')
5   for line in fr:
6       line = line.strip()
7       if len(line)< 2:
8           fw.write('\n')
9       else:
10          if line[:3] == '申请人':
11              fw.write(line[3:].replace(',','&') + ',')
12          if line[:7] == '公开(公告)日':
13              fw.write(line[7:] + ',')
14          if line[:6] == 'IPC分类号':
15              fw.write(line[6:] + ',')
16          if line[:2] == '摘要':
17              fw.write(line[2:].replace(',','，'))
18  fr.close()
19  fw.close()
```

10.3 核心技术分析

专利往往通过一个主分类号和多个非主分类号来标识其所属的技术领域,由此,本节利用复杂网络模型来构建专利数据中 IPC 分类号之间的关联。具体而言,首先,将每个 IPC 分类号抽象为节点;其次,针对每条专利数据,在表征非主分类号的节点与表征主分类号的节点间建立无向边,进而形成 IPC 分类号之间的关联网络。网络构造过程如代码 10-5 所示。

代码 10-5

```
1   import pandas as pd
2   f = open(r'.\data\data.csv')
3   df = pd.read_csv(f)
4   #存放所有IPC分类号,无重复
5   ipcs = set()
6   #存放IPC分类号之间的两两关系
7   relation = []
8   #遍历数据框df,对相关数据进行存储
9   for i in range(df.shape[0]):
10      temp = df.at[i,'IPC分类号'].split(' ')
11      for ipc in temp:
12          ipcs.add(ipc)
13      for j in range(1,len(temp)):
14          relation.append((temp[0],temp[j]))
```

在所构建网络的基础上,利用 Gephi 软件对其进行可视化及分析。分析前需要将网络转化为 Gephi 要求的数据格式(如节点和连边分开表示的 CSV 文件、节点和连边合并表示的 NET 文件等)。在此使用了节点和连边合并表示的 NET 文件格式,如代码 10-6 所示。

代码 10-6

```
1    fw = open(r'.\data\ipc_net.net', 'w')
2    fw.write('*Vertices {}\n'.format(len(ipcs)))
3    ipcs = list(ipcs)
4    for i in range(len(ipcs)):
5        fw.write('{} "{}"\n'.format(i+1, ipcs[i]))
6    fw.write('*Edges\n')
7    for r in relation:
8        fw.write('{} {}\n'.format(ipcs.index(r[0])+1, ipcs.index(r[1])+1))
9    fw.close()
```

利用 Gephi 打开 NET 文件,对整个网络的基本统计指标进行探查,如表 10-1 所示。从表 10-1 中可以看出,整个网络具有稀疏性,每个节点平均拥有 4.5 个邻居节点;连通分支数高于 1,说明网络是分散的,但是最大连通子图规模在整个网络中占比超过 90%,意味着绝大多数 IPC 分类号之间形成较好的关联,相应对其中的关键技术进行识别具有可行性和必要性。由此,着重对 IPC 关联网络的最大连通子图展开进一步的分析。

表 10-1　IPC 关联网络基本统计指标

指标	节点数	连边数	平均度	连通分支数	最大连通子图规模
数值	4 555	10 285	4.5	229	4 122

图 10-1 给出了 IPC 关联网络最大连通子图的社区划分和高度节点情况。从图 10-1 中可以看出,最大连通子图可以清晰地划分出六个规模较大的社区。在此基础上,针对每个社区,对其内部节点按照度值降序排列,观察排在前三位 IPC 分类号的对应说明可以发现,每个社区专注的技术领域是较为聚焦的,同时,不同社区专注的技术领域存在较为明显的差异性。例如,社区 2 关注海上航行器相关控制装置的研发,而社区 4 则关注船舶及相关设施的清洁技术。综上,本节所分析的船舶专利数据主要包含六类核心技术,与 IPC 关联网

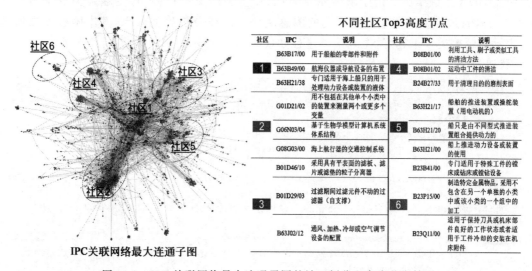

图 10-1　IPC 关联网络最大连通子图的社区划分和高度节点情况

络的六个社区相对应；另外，上述结果也进一步说明运用复杂网络模型对专利核心技术识别是行之有效的。

10.4 技术主题识别

本节利用文本数据分析方法，着重对专利数据的摘要进行分析，从而明确船舶领域技术发展的方向。

1. 专利摘要数据分词

利用 jieba 分词工具和停用词列表（stop_words）实现每条专利文献摘要的分词处理，处理过程如代码 10-7 所示。

代码 10-7

```
1   import jieba
2   #将数据框"摘要"数据项下的文本数据以列表形式存入 content
3   content = list(df['摘要'])
4   #用列表 words 存放每项专利摘要分词后的结果
5   words = []
6   for i in content:
7       try:
8           temp = ' '.join(jieba.cut(i))
9           words.append(temp)
10      except:
11          print(content.index(i))
```

2. 分词数据聚类分析

以分词后的专利摘要数据为基础，借助 Python 中的 sklearn 库实现分词结果的向量转换，以及 LDA 主题聚类。由于缺少先验知识，在主题聚类过程中，将主题聚类数量由 1 逐渐增至 30，通过绘制不同聚类结果下的困惑度变化曲线分析聚类效果，其中困惑度数值越低，表示主题聚类效果越好，主题聚类过程如代码 10-8 所示。

代码 10-8

```
1   from sklearn.feature_extraction.text import CountVectorizer
2   from sklearn.decomposition import LatentDirichletAllocation
3   #添加停用词数据
4   with open(r'.\stop_words.txt', encoding = 'UTF-8') as swords:
5       stop_words = [i.strip() for i in swords.readlines()]
6   #词向量转换
7   c2vector = CountVectorizer(stop_words = stop_words)
8   vf = c2vector.fit_transform(words)
9   #利用 LDA 实现不同主题数量下的聚类及困惑度的计算；所有结果存放在字典 tdic 之中
10  tdic = {}
11  for i in range(1,31):
12      lda = LatentDirichletAllocation(n_topics = i, learning_offset = 10., random_state = 0)
13      lda.fit_transform(vf)
```

```
14        tdic[i] = lda.perplexity(vf)
15    ♯打印不同主题数量下的困惑度
16    for k, v in tdic.items():
17        print(k,v)
```

图 10-2① 绘制了不同主题数量下的困惑度。从图 10-2 中可以观察到,主题数量和困惑度之间存在非线性关系。随着主题数量由 1 增至 4,困惑度数值先快速下降;当主题数进一步增至 9,困惑度数值缓慢下降;从主题数量达到 10 开始,困惑度数值呈现小幅度波动。这一结果说明,主题数量由 10 开始进一步升高,困惑度数值并不会出现显著下降。由此,后续分析以主题数量为 10 的聚类结果为基础展开。

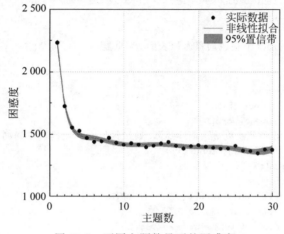

图 10-2 不同主题数量下的困惑度

3. 主题词提取

由于每个聚类主题下包含多个主题词,本部分选择每个聚类下的前 5 个主题词进行展示,核心代码如代码 10-9 所示。图 10-3 绘制了主题词在不同主题上的分布情况,其中主题词权重越高,对应的色块颜色越深。从图 10-3 中可以看到,通过 LDA 方法获得的 10 个主题中,仅有少数主题前 5 个主题词存在少量重叠,其余主题间几乎不存在重叠情况。例如,主题 1 的主题词(缓冲、连接、装置、控制器、控制)反映出其侧重船舶相关装置的控制;主题 10 的主题词(连接、装置、驱动、电缆、船体)反映出其侧重船体驱动装置,二者仅在装置、连接两个主题词上形成重叠,但研发主题在本质上是存在差异的;主题 2 的主题词(密封、污水、齿轮、液压、法兰)与主题 1 完全不发生重叠。上述结果表明,当前主题聚类数量是合理的,能够在一定程度上较好地反映当前船舶领域技术的发展方向。相应地,企业可根据自身技术研发情况,结合不同主题下主题词寻找自身定位或重点关注的技术发展方向。此外,对与自身结合相对紧密的技术主题进行合理的追踪和布局,从而逐步形成自身的技术优势。

---

① 本章所有的统计图表均通过 Origin 软件进行绘制。

代码 10-9

```
1   import numpy as np
2   #按照主题数量为10进行LDA主题聚类
3   lda = LatentDirichletAllocation(n_topics = 10, learning_offset = 10., random_state = 0)
4   lda.fit_transform(vf)
5   #获取主题词
6   f_word = c2vector.get_feature_names()
7   lda_matrix = lda.components_
8   #将前5个主题词和对应权重以元组的形式存入列表tl
9   tl = []
10  for tm in lda_matrix:
11      tdic1 = [(name, tt) for name, tt in zip(f_word, tm)]
12      tdic1 = sorted(tdic1, key = lambda x: x[1], reverse = True)
13      tdic1 = tdic1[:5]
14      tl.append(tdic1)
15  #将10个主题的前5个主题词存入列表fw,无重复
16  fw = []
17  for topic in tl:
18      for word in topic:
19          if word[0] not in fw:
20              fw.append(word[0])
21  #按照主题词数量和主题数量构造零矩阵,通过数据归一化构建主题词-主题矩阵
22  tarr = np.zeros((len(tl), len(fw)))
23  for i in range(len(tl)):
24      for word in tl[i]:
25          tarr[i][fw.index(word[0])] = round(word[1])
26  row_sums = tarr.sum(axis = 1)
27  new_arr = tarr / row_sums[:, np.newaxis]
28  #将前5个主题词权重数据存放于heat.txt文件
29  np.savetxt(r'.\heat.txt', new_arr)
```

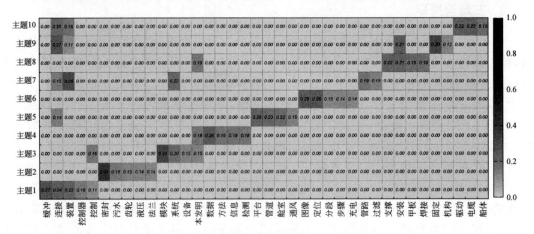

图 10-3　主题词在不同主题上的分布情况

思考题

针对专利数据集,思考除了可以利用IPC分类号关联网络分析技术主题外,还可以进

行哪些数据分析。

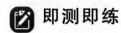 **即测即练**

第 11 章

船舶在线学习平台微信小程序设计与开发

船舶在线学习平台是面向高校师生、用于船舶知识学习管理的微信小程序,本章以船舶在线学习平台的开发为例进行讲解,通过本章的学习,读者可以掌握微信小程序开发的流程、常用知识和技巧。

本章学习目标
(1) 通过项目实践掌握信息系统分析与设计的基本流程以及常用的工具和技术;
(2) 理解小程序开发的特点,掌握微信小程序开发;
(3) 培养学生掌握利用微信小程序解决和处理实际问题的思维方法与基本能力。

11.1 系统分析

需求分析是系统开发的必要环节,船舶在线学习平台微信小程序的需求如下。
(1) 教师可以开设教学班级,发布班级考核任务,查看班级学习情况、班级成员等。学生可加入教师开设的班级,系统会对学习情况进行记录。
(2) 学生可以阅览相应的船舶新闻,学习船舶的相关知识,同时也能够对自己的学习情况进行查看。
(3) 用户可以阅览对应的船舶新闻下的评论,同时也可在对应的新闻下发表或删除自己的评论。
(4) 用户可以对感兴趣的新闻进行收藏,方便查看。
(5) 学生用户能够对自己的个人信息如密码等进行更改。
(6) 学生用户能够通过试题对自己的学习情况进行检验。

11.1.1 业务流程分析

业务流程图是管理人员进行系统分析的一种图表,它还是系统分析员、业务操作人员进行业务交流的工具,系统分析员可以使用业务流程图拟出计算机处理的部分。从管理员、普通用户和教师三个角色对船舶在线学习平台的业务功能分析进一步细化,并以跨职能业务流程图的形式反映,如图 11-1 所示。

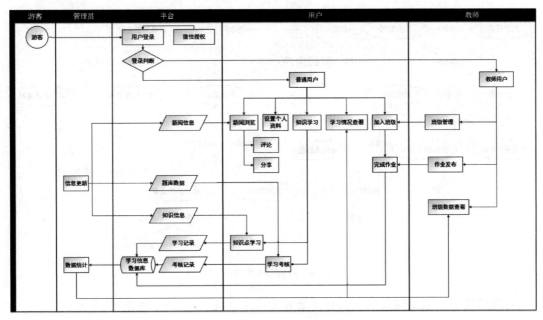

图 11-1 业务流程图

11.1.2 用例建模

用例建模是一种需求分析方法,侧重于从用户的角度出发,描述用户将如何使用系统,以此来梳理系统需求。以 UML(统一建模语言)用例图的形式反映船舶在线学习平台的系统功能模型。

普通用户主要使用新闻阅读、船舶知识学习和学习情况查看等功能,如图 11-2 所示。

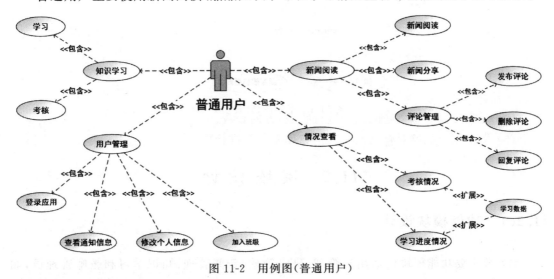

图 11-2 用例图(普通用户)

教师用户主要使用班级管理、作业发布等功能,如图 11-3 所示。

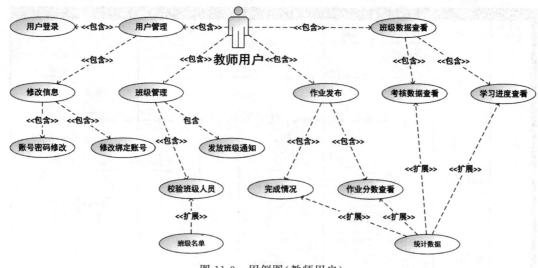

图 11-3 用例图(教师用户)

管理员主要使用新闻资讯类信息更新和学习数据统计等功能,如图 11-4 所示。

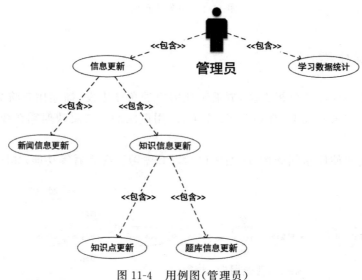

图 11-4 用例图(管理员)

11.2 系统设计

11.2.1 功能模块设计

本系统主要功能模块包括用户管理、班级管理、新闻管理、知识学习和教师管理员,如图 11-5 所示。

第 11 章 船舶在线学习平台微信小程序设计与开发 211

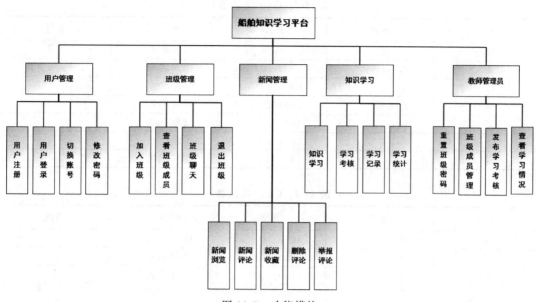

图 11-5 功能模块

11.2.2 数据库设计

分析完微信小程序的功能之后,需要分析数据库的逻辑结构并创建数据库。

本平台核心的数据库表有 7 个,分析数据库的结构之后创建数据表,各数据表结构如表 11-1～表 11-7 所示。

表 11-1 Users(用户信息表)

序号	列名	类型	列说明	备注
1	Id	Int	唯一标识	
2	StuName	Char(20)	姓名	
3	StuNo	Char(20)	用户名	
4	Password	Char(20)	密码	
5	Class	Char(20)	班级	
6	Type	Char(20)	类型	
7	PicAdd	Char(100)	头像地址	

表 11-2 News(新闻信息表)

序号	列名	类型	列说明	备注
1	Id	Int	唯一标识	
2	addre	Char(100)	封面图片地址	
3	source	Char(20)	新闻来源	
4	date	Datetime	发布日期	
5	title	Char(20)	新闻题目	
6	para	Char(1000)	新闻内容	
7	PicAdd	Char(100)	新闻图片地址	

表 11-3　Chat（评论表）

序号	列名	类型	列说明	备注
1	Id	Int	唯一标识	
2	stuName	Char(20)	用户名	
3	stuNo	Char(20)	学号	
4	content	Char(20)	评论内容	
5	date	Datetime	日期	
6	class	Char(50)	班级	
7	pic	Char(50)	图片地址	

表 11-4　Class（班级表）

序号	列名	类型	列说明	备注
1	Id	Int	唯一标识	
2	tNo	Char(20)	教师编号	
3	tName	Char(20)	教师姓名	
4	Class	Char(20)	班级编号	
5	num	Int	班级人数	
6	address	Char(50)	地址	

表 11-5　Question（试题表）

序号	列名	类型	列说明	备注
1	Id	Int	唯一标识	
2	content	Char(100)	题干	
3	A	Char(50)	选项 A	
4	B	Char(50)	选项 B	
5	C	Char(50)	选项 C	
6	D	Char(50)	选项 D	
7	answer	Char(50)	正确答案	

表 11-6　Study（学习表）

序号	列名	类型	列说明	备注
1	stuNo	Char(50)	学号	
2	score	Int	得分	
3	content	Char(50)	科目	
4	infor	Char(10)	状态	

表 11-7　Comment（评论表）

序号	列名	类型	列说明	备注
1	Id	Int	唯一标识	
2	newsid	Char(100)	新闻编号	
3	content	Char(50)	评论内容	
4	cid	Char(50)	评论 ID	

续表

序号	列名	类型	列说明	备注
5	stuNo1	Char(50)	举报人	
6	stuNo2	Char(50)	被举报人	
7	date	Datetime	评论日期	
8	date2	Datetime	举报日期	
9	reason	Char(100)	原因	

11.3 系统架构

11.3.1 平台网络架构

船舶在线学习平台微信小程序的网络架构分为以下三个部分。

(1) 客户端。客户端是用户直接接触的部分，它负责发送请求、接收数据以及展示数据。本平台前端采用小程序，客户端主要通过 HTTP 或 HTTPS 协议与服务器进行通信，客户端的代码主要采用 JavaScript 编写。

(2) 服务端。服务端是微信小程序的核心部分，它负责处理客户端的请求，从数据库中获取数据，并将数据返给客户端。本平台服务端采用 PHP 语言进行开发，在架构上，服务端通常采用微服务架构，将不同的功能模块划分为不同的服务，以提高系统的可扩展性和可维护性。

(3) 数据库。数据库是微信小程序数据存储的核心部分，它负责存储用户数据、业务数据等信息，本平台采用 MySQL 数据库。

11.3.2 开发环境

(1) 前端：微信小程序开发工具。

(2) 后端：服务器端编程语言(PHP)；服务器(Apache)；数据库(MySQL 5.7)；数据库工具(Navicat 12)；开发软件(Visual Studio Code)；浏览器(Chrome)。

11.4 功能实现

11.4.1 代码结构

微信小程序是一种轻量级的应用，其代码主要由两部分组成：前端代码和后端代码。前端代码负责用户界面的展示和交互，而后端代码则负责数据的处理和业务逻辑。

(1) 前端代码主要由以下几个部分组成。

① app.js：app.js 是小程序的入口文件，负责启动小程序并初始化相关配置。在这个

文件中，你可以定义小程序的生命周期函数、全局变量和方法等。

② app.json：app.json 是小程序的全局配置文件，用于配置小程序的窗口样式、页面路径、导航栏样式等。在这个文件中，你可以定义小程序的全局配置项。

③ pages 目录：pages 目录存放小程序的页面文件，每个页面由四个文件组成，即.js、.wxml、.wxss 和 .json。其中，.js 文件负责页面的逻辑处理，.wxml 文件负责页面的结构，.wxss 文件负责页面的样式，.json 文件负责页面的配置。可以在 pages 目录下添加多个页面，每个页面对应一个目录。

④ components 目录：components 目录存放小程序的组件文件，每个组件由四个文件组成，即.js、.wxml、.wxss 和 .json。与页面类似，.js 文件负责组件的逻辑处理，.wxml 文件负责组件的结构，.wxss 文件负责组件的样式，.json 文件负责组件的配置。

(2) 利用 PHP 开发微信小程序的后端时，通常需要实现以下功能：①新闻、知识学习和学习考核等数据的增删改查；②用户授权和登录；③用户、班级和试题等后台管理；④与微信 API 进行交互。

11.4.2 知识学习

(1) 知识学习页面结构展示，文件 Index.wxml 位于 pages\first\下，具体过程如代码 11-1 所示。

代码 11-1

```
<view class = "top" style = "background:url({{'../image/background2.png'}})">
    <view class = "user" style = "background:url({{'../image/user.png'}})">
    </view>
</view>
<view class = "line1"></view><!-- 分割线 -->
<!-- 功能列表 -->
<scroll-view scroll-x = "true" class = "tmeun" style = "white-space:nowrap; width:100%">
    <block wx:for = "{{array1}}" wx:key = "key">
        <block wx:if = "{{index == 0}}">
            <view class = "meun2">
                <view class = "{{click == 0?'smeun_1':'smeun'}}" bindtap = "click{{index}}">{{array1[index]}} </view>
            </view>
        </block>
        <block wx:else>
            <view class = "meun1">
                <view class = "{{click == index?'meun_1':'meun'}}" bindtap = "click{{index}}">
                {{array1[index]}}</view>
            </view>
        </block>
    </block>
</scroll-view>

<!-- 使用模板导入的方式放在不同的 wxml 中 -->
<import src = 'temp2/progress.wxml'></import>
<import src = 'temp1/develop.wxml'></import>
```

```
<import src = 'temp0/firstpage.wxml'></import>
<import src = 'shipclass/shipclass.wxml'></import>
<import src = 'shipstructure/shipstructure.wxml'></import>
<import src = 'ship_build/ship_build.wxml'></import>
<import src = 'shipsubject/shipsubject.wxml'></import>
<view class = "change_border">
    <swiper current = "{{click}}" style = "width:390px; height:100%" bindchange = "change">
        <swiper - item>
        <!-- 默认 swiper,船舶新闻列表 -->
            <template is = "firstpage" data = "{{array2,connews}}"/>
        </swiper - item>
        <swiper - item>
        <!-- 船舶类别 -->
        <scroll - view scroll - y = '{{true}}' style = "height:600px">
            <template is = "classfy" data = "{{shipClass1,shipClass2,shipClass3,shipClass4,shipClass5,shipClass6}}"/>
        </scroll - view>
        </swiper - item>

        <swiper - item>
        <!-- 船业历程 -->
        <scroll - view scroll - y = '{{true}}' style = "height:844px">
            <template is = "progress"/>
        </scroll - view>
        </swiper - item>
        <swiper - item>
        <!-- 船体结构 -->
        <scroll - view scroll - y = '{{true}}' style = "height:844px">
            <template is = "shipstructure" data = "{{shipstructure}}"/>
        </scroll - view>
        </swiper - item>
        <swiper - item>
        <!-- 造船流程 -->
            <template is = "ship_build" data = "{{shipbuild}}"/>
        </swiper - item>
        swiper - item>
        <!-- 涉及学科 -->
        <template is = "ship_subject" data = "{{subject}}"/>
            </swiper - item>
        </swiper>
</view>
```

（2）首页页面逻辑，文件 Index.js 位于 pages\first\下，具体过程如代码 11-2 所示。

代码 11-2

```
var app = getApp()
Page({
    /*页面的初始数据*/
    data: {
        click:0,
        array1:['首页','船舶类别','船业历程','船体结构','造船流程','涉及学科'],
```

```
    perlength: 0,
  },
  /*生命周期函数--监听页面加载*/
  onLoad: function (options) {
    var that = this;
    wx.request({
      //获取新闻列表
      url:'http://localhost:81/newsinfor/selectnews.php',
      success:function(res){
       var perlength = 0;
        console.log('内容',res.data)
        that.setData({
          connews:res.data[0],
          perlength: res.data[0].length,
          length:perlength * 90 + "px",
          array2:res.data[1]
          })
          perlength = res.data.length,
          console.log(res.data.length),
          console.log(perlength)
       }
     }
    )
    wx.request({
      //获取船舶类别、船体结构等界面数据
      url:'http://localhost:81/firstpage_infor/getinfor.php',
      success:function(res){
        console.log(res.data)
        that.setData({
         shipClass1:res.data['class1'],
         shipClass2:res.data['class2'],
         shipClass3:res.data['class3'],
         shipClass4:res.data['class4'],
         shipClass5:res.data['class5'],
         shipClass6:res.data['class6'],
         shipbuild:res.data['shipbuild'],
         shipstructure:res.data['structure'],
         subject:res.data['subject'],
        })
      }
    }
    )
  },
  /*生命周期函数--监听页面初次渲染完成*/
  onReady: function () {
  },
  /*生命周期函数--监听页面显示*/
  onShow: function () {
  },
  /*生命周期函数--监听页面隐藏*/
  onHide: function () {
  },
```

```
    /*生命周期函数--监听页面卸载*/
    onUnload: function () {
    },
    /*页面相关事件处理函数--监听用户下拉动作*/
    onPullDownRefresh: function () {
    },
    /*页面上拉触底事件的处理函数*/
    onReachBottom: function () {
    },
    /*用户单击右上角分享*/
    onShareAppMessage: function () {
    },
    clicknews:function(){
        wx.navigateTo({
            url: 'detailnews',
        })
    },
click0:function(){
  // click0 切换 swiper 的 current 为 0
this.setData({click:0})
},
click1:function(){
   // click1 切换 swiper 的 current 为 1
  this.setData({click:1})
},
click2:function(){
this.setData({click:2})
if(app.globalData.user!=null){
  wx.request({
    url: 'http://localhost:81/gradesRecord/insertRecord.php',
     data:{stuNo:app.globalData.user.stuNo,
     class1:'船业历程',
     class2:'船业历程',
         type:'学习'},
        success:function (res) {
            console.log(res.data)
        }
  })
  }
    },
click3:function(){
  this.setData({click:3})
},
click4:function(){
this.setData({click:4})
},
click5:function(){
this.setData({click:5})
    },
  change:function(e){
      this.setData({click:e.detail.current})
  },
  getId:function(e){
```

```js
      console.log(e.currentTarget.dataset.index);
      console.log(e.currentTarget.dataset.name);
    wx.navigateTo({
     url: '../first/connews/detailnews',
     })
      var app = getApp();
      app.requestId = e.currentTarget.dataset.index;
      console.log(app.requestId);
      // 数据库插入新闻学习记录
       if(app.globalData.user!= null){
        wx.request({
          url: 'http://localhost:81/gradesRecord/insertRecord.php',
           data:{stuNo:app.globalData.user.stuNo,
            class1:'新闻阅览',
            class2:e.currentTarget.dataset.name,
              type:'学习'},
              success:function (res) {
                console.log(res.data)
              }
       })
       }
  },
  //跳转至船舶类别详情页
  con_shipinfor:function(e){
     console.log(e.currentTarget.dataset.index);
     wx.navigateTo({
       url: 'shipclass/con_shipclass/con_shipclass',
     })
          app.ships = e.currentTarget.dataset.index;
       // 数据库插入船舶类别学习记录
          if(app.globalData.user!= null){
         wx.request({
           url: 'http://localhost:81/gradesRecord/insertRecord.php',
            data:{stuNo:app.globalData.user.stuNo,
                class1:'船舶类别',
                class2:e.currentTarget.dataset.index,
              type:'学习'}
          })
       }
  },
  //跳转至船体结构详情页
  con_structure:function(e){
     wx.navigateTo({
       url: 'shipstructure/conshipstructure/conshipstructure',
     })
      app.structure = e.currentTarget.dataset.index
      console.log(app.structure)
        // 数据库插入船体结构学习记录
         if(app.globalData.user!= null){
          wx.request({
            url: 'http://localhost:81/gradesRecord/insertRecord.php',
             data:{stuNo:app.globalData.user.stuNo,
                class1:'船体结构',
```

```
            class2:e.currentTarget.dataset.index,
            type:'学习'}
      })
    }
  },
  //跳转至造船流程详情页
  con_shipbuiild:function(e){
    console.log(e.currentTarget.dataset.index)
    wx.navigateTo({
      url: 'ship_build/conship/conship',
    })
    app.shiproc = e.currentTarget.dataset.index;
       // 数据库插入造船流程学习记录
        if(app.globalData.user!= null){
          wx.request({
            url: 'http://localhost:81/gradesRecord/insertRecord.php',
            data:{stuNo:app.globalData.user.stuNo,
              class1:'船体结构',
              class2:e.currentTarget.dataset.index,
              type:'学习'}
          })
        }
  },
  //跳转至涉及学科详情页
  con_subject:function(e){
    console.log(e.currentTarget.dataset.index)
    wx.navigateTo({
        url: 'shipsubject/con_subject/con_subject',
        })
    app.subject = e.currentTarget.dataset.index;
    console.log(app.subject);
    // 数据库插入涉及学科学习记录
    if(app.globalData.user!= null){
        wx.request({
          url: 'http://localhost:81/gradesRecord/insertRecord.php',
          data:{stuNo:app.globalData.user.stuNo,
            class1:'涉及学科',
            class2:e.currentTarget.dataset.index,
            type:'学习'
          },
          success:function (res) {
            console.log(res.data)
          }
        })
      }
    },
  })
```

(3) 首页页面样式表，文件 Index.wxss 位于 pages\first\下，具体过程如代码 11-3 所示。

代码 11-3

```
@import"temp1/develop.wxss";
@import"temp0/firstpage.wxss";
@import"temp2/progress.wxss";
@import"shipclass/shipclass.wxss";
@import"shipstructure/shipstructure.wxss";
@import"ship_build/ship_bulid.wxss";
@import"shipsubject/shipsubject.wxss";
body{margin:0;}
.page{margin:0 auto;
    width:390px;
    height:1200px;
    border: 0px solid ;
    }
    .S_top{float:left;
        width:390px;
        height:47px;
        }
    .top{float:left;
        width:390px;
        height:75px;
        }
    .user{margin-left:344px;
        margin-top:23px ;
            width:37px;
            height:32px;
        }
    .user:hover{cursor:pointer;}
    .tmeun{float:left;width:390px;height:43px;border:0px solid black;background:#2790CA;}
.meun1{display: inline-block; width: 103px; height: 40px; border: 0px solid red; background: #2790CA;
    }/*列表行除首页外的样式*/
.meun2{display: inline-block; width: 81px; height: 45px; border: 0px solid red; background: #2790CA;
    }/*"首页"内容太短,单独设置一个样式*/
.smeun{display:inline-block;height:30px;width:70px;border:0px solid #2790CA;
    font-family:黑体;font-size:20px;color:#E6F1F0;text-align: center;
    padding-top:9px;margin-left:5px;
    }/*列表"首页"文字样式*/
.smeun_1{display:inline-block;height:30px;width:70px;border:0px solid #2790CA;
    font-family:黑体;font-size:20px;color:#E6F1F0;text-align: center;
    padding-top:9px;border-bottom:solid #E6F1F0 3px;margin-left:5px;
    }/*列表"首页"文字样式*/
.meun{display:inline-block;height:30px;border:0px solid #2790CA;
    font-family:黑体;font-size:20px;color:#E6F1F0;text-align: center;
    padding-top:9px;
    }/*列表首页外的文字样式*/
.meun_1{display:inline-block;height:30px;border:0px solid #2790CA;
    font-family:黑体;font-size:20px;color:#E6F1F0;text-align: center;
    padding-top:9px;border-bottom:solid #E6F1F0 3px;
    }/*列表首页外的文字样式*/
.change_border{float:left;height:844px;width:390px;}
```

（4）首页页面配置，文件 Index.json 位于 pages\first\下，具体过程如代码 11-4 所示。

代码 11-4

```
{
    "usingComponents": {}
}
```

(5) 后端代码。

① 获取新闻列表数据,文件 selectnews.php 位于 newsinfor\下,具体过程如代码 11-5 所示。

代码 11-5

```php
<?php
include('connect.php');
include_once('newsClass.php');
$sql = sprintf("SELECT * FROM news order by date ");
$result = mysqli_query($mysqli, $sql);
while($row = mysqli_fetch_array($result)){
    $new_s = new news();
    $new_s->source = $row["source"];
    $new_s->title = $row["title"];
    $new_s->addre = $row["addre"];
    $new_s->date = $row["date"];
    $new_s->id = $row["id"];
    $list[] = $new_s;
}
echo json_encode($list);
?>
```

② 获取船舶类别、船体结构等数据,文件 getfirstShip.php 位于 shipinfor\下,具体过程如代码 11-6 所示。

代码 11-6

```php
<?php
include('connect.php');
include_once('shipClass.php');
$content = $_REQUEST["class2"];
$list;
$sql = sprintf("SELECT * FROM ship_intro where class1 = %s","'$content'");
$result = mysqli_query($mysqli, $sql);
while($row = mysqli_fetch_array($result)){
    $ships = new ships();
    $ships->id = $row["id"];
    $ships->class1 = $row["class1"];
    $ships->intro = $row["intro"];
    $list[] = $ships;
}
echo json_encode($list);
?>
```

③ 数据库插入学习记录,文件 insertRecord.php 位于 gradesRecord\下,具体过程如代

码 11-7 所示。

代码 11-7

```php
<?php
include('connect.php');
include_once('recordClass.php');
$stuNo = $_REQUEST["stuNo"];
$class1 = $_REQUEST["class1"];
$class2 = $_REQUEST["class2"];
$type = $_REQUEST["type"];
$list;
$sql = sprintf("INSERT INTO record (stuNo, class1, class2, date, type) VALUES(%s,%s,%s,now(),%s)","'$stuNo'","'$class1'","'$class2'","'$type'");
$result = mysqli_query($mysqli, $sql);
echo json_encode($sql);
?>
```

(6) 功能描述。用户成功登录平台之后，单击左下角"知识学习"图标即可进入平台首页，如图 11-6 所示。

图 11-6　知识学习页面

11.4.3　新闻管理

(1) 新闻详情展示，文件 detailnews.wxml 位于 pages\first\connews 下，具体过程如代码 11-8 所示。

代码11-8

```
<!-- pages/first/connews/detailnews 新闻详情页面 -->
<view class="newspage">
    <scroll-view scroll-y="true" style="height:720px;">
        <view class="tmeun">
            <view bindtap="back" class="back-button" style="margin-left:10px;background:url({{'../../image/back.png'}})"></view><!-- 返回按钮 -->
            <view class="con-char" style="margin-left:145px;">热点一览</view>
        </view>
        <view class="news">
        <block wx:for="{{con_infor}}" wx:key="key">
            <view class="news-title" style="letter-spacing:1px">{{item.title}}</view>
            <view class="news-res" style="white-space:pre">{{item.source}} {{item.date}}</view>
            <view class="news-content">
                <block wx:if="{{item.para1}}">
                    <view class="news-para" style="text-indent:40px">{{item.para1}}</view>
                </block>
                <block wx:if="{{item.pic1}}">
                    <view class="news-pic1" style="background:url({{item.pic1}})"></view>
                </block>
                <block wx:if="{{item.para2}}">
                    <view class="news-para" style="text-indent:40px">{{item.para2}}</view>
                </block>
                <block wx:if="{{item.pic2}}">
                    <view class="news-pic1" style="background:url({{item.pic2}})"></view>
                </block>
                <block wx:if="{{item.para3}}">
                    <view class="news-para" style="text-indent:40px">{{item.para3}}</view>
                </block>
                <block wx:if="{{item.pic3}}">
                    <view class="news-pic1" style="background:url({{item.pic3}})"></view>
                </block>
            </view>
            <view class="collect_get">
                <view class="likecontent">
                    <block wx:if="{{user_num==null||liked=='0'}}">
                        <!-- 新闻点赞 -->
                        <view class="iconfont icon-dianzan1" bindtap="insert_like" style="font-size:30px;margin-left:50px;padding-top:5px;"></view>
                    </block>
                    <block wx:else>
                        <view class="iconfont icon-dianzan" style="color:#FFBF00;font-size:30px;float:right;margin-left:50px;padding-top:5px;" bindtap="delete_like"></view>
```

```
                </block>
                <block wx:for="{{likenum}}" wx:key="key">
                <view class="num">{{item.num}}</view>
                </block>
                </view>
                <view class="likecontent">
                <block wx:if="{{user_num==null||collection=='0'}}">
                <!-- 新闻收藏 -->
                <view class="iconfont icon-shoucang1" style="font-size:30px;float:right;margin-left:50px;padding-top:5px;font-weight:lighter" bindtap="insert_collect">{{item.num}}</view>
                </block>
                <block wx:else>
                <view class="iconfont icon-shoucang" style="color:#FFBF00;font-size:30px;float:right;margin-left:50px;padding-top:5px;" bindtap="delete_collect">{{item.num}}</view>
                </block>
                <block wx:for="{{collectionnum}}" wx:key="key">
                <view class="num">{{item.num}}</view>
                </block>
                </view>
                </view>
                </block>
                </view>
                <view class="comment_infor">热门评论</view>
                <view class="comment_line"></view>
        <block wx:if="{{comment_s=='暂无评论'}}">
        <view class="no_comment">暂无评论~</view>
        </block>
        <block wx:else>
        <!-- 如果该新闻有评论,则展示评论列表 -->
            <block wx:for="{{comment_s}}">
            <view class="comment_border">
                <view class="person_pic"><image src="{{item.pic}}"/></view>
                <view class="comemt_content">
                    <view class="person_name">{{item.stuName}}</view>
                    <block wx:if="{{item.stuNo!=user_num&&user_num!=null}}">
                    <view data-index="{{item.stuNo}}" data-stuname="{{item.stuName}}" data-date="{{item.date}}" data-id="{{item.id}}" data-content="{{item.content}}" bindtap="report_comment">
                    <view class="report">举报</view>
                    </view>
                    </block>
                    <block wx:if="{{item.stuNo==user_num&&user_num!=null}}">
                    <view data-index="{{item.id}}" bindtap="delete_comment">
                    <view class="report1">删除</view>
                    </view>
                    </block>
                    <view class="time_border">{{item.date}}</view>
                    <view class="con_comment">{{item.content}}</view>
                </view>
            </view>
            <view class="comment_line"></view>
```

```
            </block>
        </block>
    </scroll-view>
        <form>
        <!-- 发表新闻评论 -->
            <input class = "inputborder" bindinput = "bindblur" cursor-spacing = "130" placeholder = "说点什么..." maxlength = "50"></input>
            <button class = "sendbutton" form-type = "reset" bindtap = "send" style = "width:53px;height:29px;line-height:29px;font-size: 16px;display:inline-block;padding:0;margin-left:10px">评论</button>
        </form>
</view>
```

(2) 新闻详情页面逻辑,文件 detailnews.js 位于 pages\first\ connews 下,具体过程如代码 11-9 所示。

代码 11-9

```
// pages/first/detailnews.js 具体新闻页的 JS
var app = getApp();
var bindblur
Page({
  bindblur:function(e){
    console.log('内容:',e.detail.value)
    bindblur = e.detail.value;
  },
    /*页面的初始数据*/
    data: {
con_infor:[],
comment_s:[],
    },
    /*生命周期函数--监听页面加载*/
    onLoad: function (options) {
      if(app.globalData.user){
      this.setData({
        user_num:app.globalData.user.stuNo
      })
    }
      var that = this;
      wx.request({
        url: 'http://localhost:81/newsinfor/selectdetail.php',
        data:{id:app.requestId},
        success:function(res){
          console.log(res.data)
          that.setData({
          con_infor:res.data
          })
        }
      })
      wx.request({
        url: 'http://localhost:81/comment/selectComment.php',
        data:{newsid:app.requestId},
```

```
      success:function(res){
        that.setData({
          comment_s:res.data
          })
          console.log(res.data)
        }
    })
    //判断是否已收藏
    if(app.globalData.user){
     wx.request({
       url: 'http://localhost:81/collect_news/isCollected.php',
       data:{newsid:app.requestId,
           stuNo:app.globalData.user.stuNo
       },
       success:function(res){
         that.setData({
           collection:res.data
           })
           console.log('收藏',res.data)
         }
     })
    }
      //收藏人数
      wx.request({
        url: 'http://localhost:81/collect_news/collectnum.php',
        data:{newsid:app.requestId,

        },
        success:function(res){

          that.setData({
            collectionnum:res.data
            })
            console.log(res.data)
          }
      })
      //判断是否已点赞
      if(app.globalData.user){
      wx.request({
        url: 'http://localhost:81/collect_news/isliked.php',
        data:{newsid:app.requestId,
            stuNo:app.globalData.user.stuNo
        },
        success:function(res){
          that.setData({
            liked:res.data
            })
            console.log(res.data)
          }
      })
    }
      //点赞人数
      wx.request({
        url: 'http://localhost:81/collect_news/likenum.php',
        data:{newsid:app.requestId,
        },
```

```
      success:function(res){
        that.setData({
          likenum:res.data
        })
        console.log(res.data)
      }
    })
  },
  /* 生命周期函数--监听页面初次渲染完成 */
  onReady: function () {
  },
  /*生命周期函数--监听页面显示 */
  onShow: function () {
    // if (wx.canIUse('hideHomeButton')) {
    //   wx.hideHomeButton()
    // }
  },
  /*生命周期函数--监听页面隐藏 */
  onHide: function () {
  },
  /* 生命周期函数--监听页面卸载 */
  onUnload: function () {
  },
  /* 页面相关事件处理函数--监听用户下拉动作 */
  onPullDownRefresh: function () {
  },
  /* 页面上拉触底事件的处理函数 */
  onReachBottom: function () {
  },
  /*用户单击右上角分享 */
  onShareAppMessage: function () {
  },
  back:function(){
    wx.navigateBack({
      delta: 0,
    })
  },
  gologin:function () {
    // 若用户未登录则前往登录再发表评论、收藏新闻、点赞
    wx.showModal({
      title:"用户未登录",
      content:'是否前往登录',
      success:function(res){
        if(res.confirm){
          wx.navigateTo({
            url: '../../user/login/login',
          })
        }
      }
    })
  },
  send:function(){
    // 评论发表
    var that = this
    if(app.globalData.user!= null){
      wx.request({
```

```
        url: 'http://localhost:81/comment/insertComment.php',
        data:{stuNo:app.globalData.user.stuNo,
          stuName:app.globalData.user.stuName,
          newsid:app.requestId,
          content:bindblur
        },
        success:function(res){
          console.log(res.data)
          wx.showToast({
            title: '评论成功',
            icon:'success',
            duration:2000
          })
          wx.request({
            url: 'http://localhost:81/comment/selectComment.php',
            data:{newsid:app.requestId},
            success:function(res){
              that.setData({
                comment_s:res.data
              })
              console.log(res.data)
            }
          })
        }
      })
    }
    else{
      this.gologin()
    }
  },
  //举报函数
  report_comment:function (e) {
    console.log(e.currentTarget.dataset.index)
    console.log(e.currentTarget.dataset.id)
    console.log(e.currentTarget.dataset.content)
    console.log(e.currentTarget.dataset.stuname)
    console.log(e.currentTarget.dataset)
    app.illegal_infor = e.currentTarget.dataset;
    wx.navigateTo({
      url: 'submit_il/submit_il',
    })
  },
  delete_comment:function (e) {
    // 删除评论函数
    var that = this
    console.log(e.currentTarget.dataset.index)
    wx.request({
      url: 'http://localhost:81/comment/deleteComment.php',
      data:{id:e.currentTarget.dataset.index},
      success:function (res) {
        console.log(res);
        wx.showToast({
          title: '删除成功',
          icon:'success'
        })
        wx.request({
```

```
          url:'http://localhost:81/comment/selectComment.php',
          data:{newsid:app.requestId},
          success:function(res){
            that.setData({
              comment_s:res.data
            })
            console.log(res.data)
          }
        })
      }
    })
  },
  insert_collect:function () {
    // 新闻收藏
    var that = this
    if(app.globalData.user!= null){
      wx.request({
        url: 'http://localhost:81/collect_news/insertCollect.php',
        data:{stuNo:app.globalData.user.stuNo,
          newsid:app.requestId
        },
        success:function(res){
          wx.showToast({
            title: '收藏成功',
            icon:'success',
            duration:2000
          })
          that.setData({
            collection:'1'
          })
          wx.request({
            url: 'http://localhost:81/collect_news/collectnum.php',
            data:{newsid:app.requestId,
            },
            success:function(res){
              that.setData({
                collectionnum:res.data
              })
              console.log(res.data)
            }
          })
        }
      })
    }
    else{
      this.gologin()
    }
  },
//点赞新闻
insert_like:function () {
  var that = this
  if(app.globalData.user!= null){
    wx.request({
      url: 'http://localhost:81/collect_news/insertLike.php',
      data:{stuNo:app.globalData.user.stuNo,
        newsid:app.requestId
      },
```

```javascript
        success:function(res){
          console.log(res.data)
          wx.showToast({
            title:'点赞成功',
            icon:'success',
            duration:2000
          })
          that.setData({
            liked:'1'
          })
          wx.request({
            url: 'http://localhost:81/collect_news/likenum.php',
            data:{newsid:app.requestId,
            },
            success:function(res){
              that.setData({
                likenum:res.data
                })
              console.log(res.data)
            }
          })
        }
      })
    }
    else{
      this.gologin()
    }
  },
    //取消收藏
    delete_collect:function (e) {
      var that = this
      wx.request({
        url: 'http://localhost:81/collect_news/deleteCollection.php',
        data:{stuNo:app.globalData.user.stuNo,
        newsid:app.requestId
        },
      success:function (res) {
        wx.showToast({
          title: '操作成功',
        })
        that.setData({
          collection:'0'
        })
        wx.request({
          url: 'http://localhost:81/collect_news/collectnum.php',
          data:{newsid:app.requestId,
          },
          success:function(res){
            that.setData({
              collectionnum:res.data
              })
            console.log(res.data)
          }
        })
      }
      })
    },
```

```
//取消点赞
delete_like:function (e) {
  var that = this
  wx.request({
    url: 'http://localhost:81/collect_news/deletelike.php',
    data:{stuNo:app.globalData.user.stuNo,
    newsid:app.requestId
    },
  success:function (params) {
    wx.showToast({
      title: '操作成功',
    })
    that.setData({
      liked:'0'
    })
    wx.request({
      url: 'http://localhost:81/collect_news/likenum.php',
      data:{newsid:app.requestId,
      },
      success:function(res){
        that.setData({
          likenum:res.data
        })
        console.log(res.data)
      }
    })
    }
  })
  }
})
```

（3）新闻详情页面样式表，文件 detailnews.wxss 位于 pages\first\connews 下，具体过程如代码 11-10 所示。

代码 11-10

```
@import"../../../app.wxss";
body{margin:0;}
.newspage{margin:0 auto;
  width:390px;
  height:100%;
  border:1px solid #BBBBBB;
}
/* 屏幕最上方的状态栏样式 */
.S_top{float:left;
  width:390px;
  height:47px;
}
/* 文字 logo 栏和搜索栏样式 */
.top{float:left;
  width:390px;
  height:75px;
}
/* 用户图标样式 */
.user{margin-left:344px;
  margin-top:23px;
```

```css
                    width:37px;
                    height:32px;
                    }
         .user:hover{cursor:pointer;}
         /*返回栏的背景颜色、长、宽设置*/
         .tmeun{float:left;width:390px;
                height:37px;border:0px solid black;
                background:#2790CA;}
             /*返回的图标样式*/
         .back-button{float:left;width: 27.2px;height:26px;
             margin-top:5px;
         }
         .back-button:hover{cursor:pointer;}
         /*分隔线样式*/
           .line{float:left;width:390px;height:2px;background:#BBBBBB;}
         /*返回栏文字样式*/
           .con-char{font-size:21px;font-family:黑体;color:white;padding-top:6px;}
         /*新闻内容的长宽设置*/
         .news{float:left;width:370px;border:1px;height:auto;}

         /*新闻标题样式*/
         .news-title{float:left;border:0px solid black;width:350px;height:60px;
             font-size:23.52px;font-weight:bold;font-family:微软雅黑; text-align: center;
             padding-left:20px;padding-right:20px;padding-top: 20px;padding-bottom:20px;
         }
         /*新闻时间、来源样式*/
         .news-res{float:left;width:370px;border:0px solid black;font-size:16px;font-family:幼圆;
                   padding-left:20px;padding-bottom: 20px;}
         /*新闻详情的长宽设置*/
         .news-content{float:left;border:0px solid black;width:390px;height:auto;}
         .news-para{display:flex;float:left; border:0px solid black;width:360px; padding-left :18px;padding-right: 10px;
                    font-size:18px;font-weight:normal;font-family:微软雅黑; padding-bottom:8px;
                    line-height: 30px;
             }
         /*新闻图片长宽设置*/
         .news-pic1{float:left;border:0px solid black;width:345px;height:210px;
margin-left:22.5px;margin-right:22.5px;margin-top:10px;margin-bottom:10px;}
         .news-pic2{float:left;border:0px solid black;width:345px;height:210px;
margin-left:22.5px;margin-right:22.5px;margin-top:10px;margin-bottom:15px;}
             /*评论区长宽设置*/
         .area{display:flex;float:left;width:390px;height:80px;border:0px solid black;}
         /*评论栏样式*/
         .comment{float:left;width:200.1px;height:25px;
              background:#E5E5E5;border:2.5px solid #BBBBBB;
              border-radius: 15px 15px 15px 15px;margin-left:25.4px;margin-top:33px;
              font-size:20px; font-family: 黑体; color:#5b5656; padding-top: 4px; padding-left:12px;
         }
            .inputborder{float:left;display:flex;width:70%;height: 30px;font-size: 20px;border: solid rgb(199, 196, 196) 1px;
             margin-left:3%;border-radius: 5px 5px 5px 5px;margin-top:15px;background-color:rgb(238, 237, 237);}
         .sendbutton{float:left;display:flex;width:auto;height:auto;font-size: 20px;border:solid gray 1px;
```

```
      margin-left:4%;padding-left:5px;padding-right:5px;margin-top:15px;border-radius:
3px 3px 3px 3px;}
      .comment_border{float:left;display:flex;width:100%;height:auto;}
      .person_pic{float: left; display: flex; width: 12%; height: 46px; background-color:
cadetblue;margin-left:3%;margin-top:17px;
                 border-radius:23px 23px 23px 23px;}
      .person_pic image{float: left; width: 100%; height: 100%; border-radius: 23px 23px
23px 23px;}
      .comment_infor{float:left;display:flex;margin-top:10px;margin-left:10px;height:20px;
width:90%;font-weight:20px;}
      .comemt_content{width:80%;height:auto;margin-left:4%;}
      .person_name{float:left;display:flex;width:90%;height:23px;letter-spacing:1px;font-
size:15px;margin-top:11px;color:#9E9E9E;}
      .time_border{float:left;display:flex;width:90%;height:23px;letter-spacing:1px;font-
size:13px;color:#9E9E9E;}
      .con_comment{float:left;width:90%;height:auto;font-size:17px;letter-spacing:1px;}
      .comment_line{float:left;width:100%;height:0.5px;background-color:rgb(182,179,179);
margin-top:20px;}
      .report{float:left;display:flex;width:10%;height:23px;letter-spacing:1px;font-size:
13px;margin-top:11px;color:rgb(235,117,117);}
      .report1{float: left; display: flex; width:10%; height:23px; letter-spacing: 1px;font-
size:13px;margin-top:11px;color:rgb(126,172,241);}
      .no_comment{float:left;width:100%;height:auto;text-align:center;font-size:20px;
letter-spacing:2px;
                 color:rgb(173,173,173);margin-top:30px;margin-bottom:50px;}
      .collect_get{float: left; width: 100%; margin-top: 20px; height: auto; margin-
bottom:15px;}
      .likecontent{float:left;display:flex;height:45px;width:40%;text-align:center;margin-
left:5%;margin-right:5%;background-color:#F3F4F8;}
```

（4）新闻详情页面配置，文件 detailnews.json 位于 pages\first\connews 下，具体过程如代码 11-11 所示。

代码 11-11

```
{
  "usingComponents": {}
}
```

（5）后端代码。

① 获取新闻详细数据，文件 selectdetail.php 位于 newsinfor\下，具体过程如代码 11-12 所示。

代码 11-12

```
<?php
include('connect.php');
include_once('newsClass.php');
$id = $_REQUEST["id"];
$sql = sprintf("SELECT * FROM news WHERE id = %d", $id);
$result = mysqli_query($mysqli, $sql);
// $row = mysqli_fetch_row($result);
while($row = mysqli_fetch_array($result)){
```

```php
    $new_s = new news();
    $new_s->source = $row["source"];
    $new_s->title = $row["title"];
    $new_s->addre = $row["addre"];
    $new_s->date = $row["date"];
    $new_s->id = $row["id"];
    $new_s->para1 = $row["para1"];
    $new_s->para2 = $row["para2"];
    $new_s->para3 = $row["para3"];
    $new_s->pic1 = $row["pic1"];
    $new_s->pic2 = $row["pic2"];
    $list[] = $new_s;
}
echo json_encode($list);
?>
```

② 获取新闻评论数据,文件 selectComment.php 位于 comment\下,具体过程如代码 11-13 所示。

代码 11-13

```php
<?php
include('connect.php');
include_once('commentClass.php');
$newsid = $_REQUEST["newsid"];
$sql = sprintf("SELECT * FROM comment where newsid = %d", $newsid);
$result = mysqli_query($mysqli, $sql);
$list;
$num = mysqli_num_rows($result);
if($num!=0){
while($row = mysqli_fetch_array($result)){
    $comment_s = new comment();
    $comment_s->id = $row["id"];
    $comment_s->stuNo = $row["stuNo"];
    $comment_s->stuName = $row["stuName"];
    $comment_s->content = $row["content"];
    $comment_s->newsid = $row["newsid"];
    $comment_s->date = $row["date"];
    $list[] = $comment_s;
}
echo json_encode($list);
}
else echo "暂无评论";
?>
```

③ 写入新闻评论数据,文件 insertComment.php 位于 comment\下,具体过程如代码 11-14 所示。

代码 11-14

```php
<?php
include('connect.php');
include_once('commentClass.php');
```

```php
$comment = new comment();
$comment->stuNo = $_REQUEST["stuNo"];
$comment->stuName = $_REQUEST["stuName"];
$comment->newsid = $_REQUEST["newsid"];
$comment->content = $_REQUEST["content"];
$sql = sprintf("INSERT INTO comment (stuNo,stuName,newsid,content,date) VALUES(%s,%s,%d,%s,curdate())","'$comment->stuNo'","'$comment->stuName'","$comment->newsid","'$comment->content'");
$result = mysqli_query($mysqli, $sql);
echo json_encode($sql);
?>
```

④ 写入新闻收藏数据,文件 insertCollect.php 位于 collect_news\下,具体过程如代码 11-15 所示。

代码 11-15

```php
<?php
include('connect.php');
include_once('collectionClass.php');
$stuNo = $_REQUEST["stuNo"];
$newsid = $_REQUEST["newsid"];
$sql = sprintf("INSERT INTO collect (stuNo,newsid) VALUES(%s,%s)","'$stuNo'","$newsid");
$result = mysqli_query($mysqli, $sql);
$sql = sprintf("UPDATE collectnum SET num = num + 1 WHERE newsid = %d","$newsid");
$result = mysqli_query($mysqli, $sql);
?>
```

⑤ 写入新闻点赞数据,文件 insertLike.php 位于 collect_news\下,具体过程如代码 11-16 所示。

代码 11-16

```php
<?php
include('connect.php');
include_once('collectionClass.php');
$stuNo = $_REQUEST["stuNo"];
$newsid = $_REQUEST["newsid"];
$sql = sprintf("INSERT INTO likenum (stuNo,newsid) VALUES(%s,%s)","'$stuNo'","$newsid");
$result = mysqli_query($mysqli, $sql);
$sql = sprintf("UPDATE likenum1 SET num = num + 1 WHERE newsid = %d","$newsid");
$result = mysqli_query($mysqli, $sql);
?>
```

(6) 功能描述。单击打开新闻列表后浏览新闻详情页面,用户可以对新闻进行评论、收藏和点赞等操作,如图 11-7 所示。

图 11-7 新闻详情和新闻评论页面

11.4.4 学习考核

(1) 学习考核页面展示,文件 index.wxml 位于 pages\second 下,具体过程如代码 11-17 所示。

代码 11-17

```
<text class = "title">学习考核</text>
<text>一、选择题:共五小题,每题 20 分</text>
<form catchsubmit = "formSubmit">
<view class = "select">
<block wx:for = "{{examArray}}" wx:key = "key" wx:if = "{{index < 5}}">
<radio - group name = "{{'radio' + index}}">
    <text class = "content">{{index + 1}}:{{item.content}}</text>
    <radio class = "content" value = "A">{{item.A}}</radio>
    <radio class = "content" value = "B">{{item.B}}</radio>
    <radio class = "content" value = "C">{{item.C}}</radio>
    <radio class = "content" value = "D">{{item.D}}</radio>
</radio - group>
</block>
</view>
<button type = "primary" formType = "submit" class = "subButton">提交</button>
</form>
```

(2) 学习考核页面逻辑,文件 index.js 位于 pages\ second 下,具体过程如代码 11-18 所示。

代码 11-18

```javascript
var id = getApp()
Page({
    /* 页面的初始数据 */
    data: {
        examArray:[]
    },
    /* 生命周期函数--监听页面加载 */
    onLoad: function (options) {
        var that = this;
        wx.request({
            url: 'http://localhost:81/examBase/select.php',
            success:function(res){
                console.log(res.data);
                that.setData({
                    examArray:res.data
                })
            }
        })
    },
    /* 生命周期函数--监听页面初次渲染完成 */
    onReady: function () {
    },
    /* 生命周期函数--监听页面显示 */
    onShow: function () {
    },
    /* 生命周期函数--监听页面隐藏 */
    onHide: function () {
    },
    /* 生命周期函数--监听页面卸载 */
    onUnload: function () {
    },
    /* 页面相关事件处理函数--监听用户下拉动作 */
    onPullDownRefresh: function () {
    },
    /* 页面上拉触底事件的处理函数 */
    onReachBottom: function () {
    },
    /* 用户单击右上角分享 */
    onShareAppMessage: function () {
    },
    formSubmit(e){
        var count = 0
      console.log(e.detail.value)
        var result = e.detail.value;
        // console.log(result.radio0);
        // this.data.examArray[0]["answer"]
        for(var i = 0;i < this.data.examArray.length;i++){
            var t = "radio" + i;
            if(result[t] == this.data.examArray[i]["answer"])count++;
            // console.log(result[t]);
            // console.log("标准答案:" + this.data.examArray[i]["answer"]);
        }
        console.log(count);
```

```
            wx.showToast({
                title:'提交中',
                icon:'loading',
                duration:3000,
                success:function(){
                    wx.navigateTo({
                        url: '../second/afterExam/afterExam?id = ' + count
                    })
                }
            })
            var id = getApp()
            id.requestId = count;
            console.log(id.requestId)
        }
    })
```

(3) 学习考核页面样式表,文件 index.wxss 位于 pages\second 下,具体过程如代码 11-19 所示。

代码 11-19

```
.title{float:left;width:100%;height:100%;text-align: center;font-size: 50;font-family: 微软雅黑;font-weight: bolder;}
.select{float:left;width:100%;margin-bottom: 15px;}
.content{float:left;width:100%;margin-top: 5px;}
.subButton{width:100%;margin-top: 12px;}
```

(4) 学习考核页面配置,文件 index.json 位于 pages\second 下,具体过程如代码 11-20 所示。

代码 11-20

```
{
  "usingComponents": {}
}
```

(5) 后端代码。

① 获取测评试题数据,文件 select.php 位于 examBase\ 下,具体过程如代码 11-21 所示。

代码 11-21

```
<?php
include('connect.php');
include_once('questClass.php');
$content = $_REQUEST["id"];
if( $content == "综合测评"){
$sql = sprintf("SELECT * FROM questions order by rand()");
}
else{
    if( $content == "船舶类别"){ $content = "A";}
```

```php
        if( $content == "船体结构"){ $content = "D"; }
        $sql = sprintf("SELECT * FROM questions WHERE type = %s order by rand()","'$content'");}
 $result = mysqli_query( $mysqli, $sql);
// $row = mysqli_fetch_row( $result);
while( $row = mysqli_fetch_array( $result)){
    $question_s = new question();
    $question_s -> id = $row["id"];
    $question_s -> content = $row["content"];
    $question_s -> A = $row["A"];
    $question_s -> B = $row["B"];
    $question_s -> C = $row["C"];
    $question_s -> D = $row["D"];
    $question_s -> answer = $row["answer"];
    $list[] = $question_s;
}
echo json_encode( $list );
?>
```

② 将试题信息写入数据库，文件 insert.php 位于 examBase\下，具体过程如代码 11-22 所示。

代码 11-22

```php
<?php
include_once("connect.php");
$sql = sprintf("SELECT * FROM questions where id = %d","$question_s -> id");
$check = mysqli_query( $mysqli, $sql);
$num = mysqli_num_rows( $check);
if( $num){
    echo"插入试题失败,数据库中有该试题,无法进行插入操作";
}
else {
$sql = sprintf("INSERT INTO questions(id, content, A, B, C, D, answer) VALUES (%d,%s,%s,%s,%s,%s,%s) ", $question_s -> id,"'$question_s -> content'","'$question_s -> A'","'$question_s -> B'","'$question_s -> C'","'$question_s -> D'","'$question_s -> answer'");
$result = mysqli_query( $mysqli, $sql);
echo "操作成功";
}
mysqli_close( $mysqli);
```

(6) 功能描述。单击进行船舶知识学习之后，可以通过试题的形式在线进行知识考核，如图 11-8 所示。

11.4.5 学习记录

(1) 学习记录页面展示，文件 studyRecord.wxml 位于 user\studyRecord 下，具体过程如代码 11-23 所示。

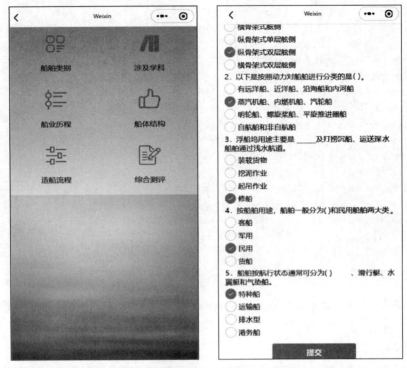

图 11-8 船舶知识考核页面

代码 11-23

```
<scroll-view scroll-y='{{true}}'>
<view class="recordpage">
<block wx:for="{{records}}">
<view class="content_area">
<view class="iconarea">
<block wx:if="{{item.type == '学习'}}">
<!-- 学习类型分为考核和学习,两者展示样式不同 -->
<view class="iconfont icon-liulan" style="color:#71C2D7;font-size:60px;margin-left:10px;margin-top:10px;"></view>
</block>
<block wx:else>
<view class="iconfont icon-xuexi" style="color:#71C2D7;font-size:60px;margin-left:10px;margin-top:10px;"></view>
</block>
</view>
<view class="record_content">
<view class="content_record">{{item.class1}}--{{item.class2}}</view>
<view class="time_record">{{item.date}}</view>
</view>
</view>
</block>
</view>
</scroll-view>
```

(2) 学习记录页面逻辑，文件 studyRecord.js 位于 user\studyRecord 下，具体过程如代码 11-24 所示。

代码 11-24

```javascript
var app = getApp();
Page({
    /* 页面的初始数据 */
    data: {
    },
    /* 生命周期函数 -- 监听页面加载 */
    onLoad: function (options) {
        var that = this;
        wx.request({
            url: 'http://localhost:81/gradesRecord/showrecord.php',
            data:{stuNo:app.globalData.user.stuNo},
            success:function (res) {
                console.log(res.data)
                that.setData({
                    records:res.data
                })
            }
        })
    },
    /* 生命周期函数 -- 监听页面初次渲染完成 */
    onReady: function () {
    },
    /* 生命周期函数 -- 监听页面显示 */
    onShow: function () {
    },
    /* 生命周期函数 -- 监听页面隐藏 */
    onHide: function () {
    },
    /* 生命周期函数 -- 监听页面卸载 */
    onUnload: function () {
    },
    /* 页面相关事件处理函数 -- 监听用户下拉动作 */
    onPullDownRefresh: function () {
    },
    /* 页面上拉触底事件的处理函数 */
    onReachBottom: function () {
    },
    /* 用户单击右上角分享 */
    onShareAppMessage: function () {
    }
})
```

(3) 学习记录页面样式表，文件 studyRecord.wxss 位于 user\studyRecord 下，具体过程如代码 11-25 所示。

代码 11-25

```css
@import"../../../app.wxss";
.recordpage{width:100%;height:auto;}
```

```css
.content_area{float: left; display: flex; width: 100%; height: 80px; border-bottom: solid gray 1px;
        background: rgb(255,255,255,0.3);}
.iconarea{float:left;display:flex;width: 30%;height:80px;}
.record_content{float:left;width: 80%;height: 80px;font-family: 宋体;}
.content_record{float:left;width: 80%;height: 45px;font-size:20px;margin-top:10px;font-weight:500 ;text-overflow: ellipsis;overflow: hidden;}
.time_record{float:left;display:flex;width: 80%;height: 25px;font-size:18px;color:gray;}
```

（4）学习记录页面配置，文件 studyRecord.json 位于 user\studyRecord 下，具体过程如代码 11-26 所示。

代码 11-26

```json
{
  "usingComponents": {}
}
```

（5）后端代码。展示学习记录数据，文件 showrecord.php 位于 gradesRecord\下，具体过程如代码 11-27 所示。

代码 11-27

```php
<?php
include('connect.php');
include_once('recordClass.php');
$stuNo = $_REQUEST["stuNo"];
$list;
$sql = sprintf("SELECT * FROM record where stuNo = %s","'$stuNo'");
$result = mysqli_query($mysqli, $sql);
while($row = mysqli_fetch_array($result)){
    $record = new record();
    $record->stuNo = $row["stuNo"];
    $record->id = $row["id"];
    $record->class1 = $row["class1"];
    $record->class2 = $row["class2"];
    $record->date = $row["date"];
    $record->type = $row["type"];
    $list[] = $record;
}
echo json_encode($list);
```

（6）功能描述。对用户学习过的内容、已进行的考核进行记录，并按时间先后顺序进行展示和排列，以不同图标区分考核与学习记录，便于用户查看，如图 11-9 所示。

11.4.6 学习统计

（1）学习统计页面展示，文件 studycollect.wxml 位于 user\studycollect 下，具体过程如代码 11-28 所示。

图 11-9　学习记录页面

代码 11-28

```
< view class = "border">
< view class = "title">评分规则</view>
< text class = "rule">
总分 100 分,其中,平时考核 25 分,综合测评 40 分,平时学习 35 分。
(1)平时考核,实际分数为考核分数 * 0.05。
(2)综合测评,实际分数为考核分数 * 0.4。
(3)平时学习每次可获得 0.5 分,浏览相同内容无效,当浏览内容超过 70 次时,计 35 分。
</text>
< view class = "title">考核情况</view>
  < view class = "con_title">
  < view class = "con_third">内容</view>
  < view class = "con_third">分数</view>
  < view class = "con_third">状态</view>
  </view>
  < view class = "content">
  < block wx:for = "{{s_studyinfor}}" wx:key = "key">
  < block wx:if = "{{index % 2 == 1}}">
  < view class = "content1"style = "background: #D1E8F7">{{item.content}}</view>
  < view class = "content1"style = "background: #D1E8F7">{{item.score}}</view>
  < view class = "content1"style = "background: #D1E8F7">{{item.infor}}</view>
```

```
    </block>
    <block wx:else>
    <view class = "content1"style = "backgroundcolor: #FFFFFF">{{item.content}}</view>
    <view class = "content1"style = "backgroundcolor: #FFFFFF">{{item.score}}</view>
    <view class = "content1"style = "backgroundcolor: #FFFFFF">{{item.infor}}</view>
    </block>
    </block>
  </view>
<view class = "border">
<view class = "title">学习情况</view>
<view class = "con_title">
    <view class = "con_third">学习内容</view>
    <view class = "con_third">进度</view>
    <view class = "con_third">分数</view>
</view>
<view class = "content">
    <block wx:for = "{{s_studyinfor1}}">
    <block wx:if = "{{index % 2 == 1}}">
    <view class = "content1"style = "background: #D1E8F7">{{item.name}}</view>
    <view class = "content1"style = "background: #D1E8F7">{{item.num}}</view>
    <view class = "content1"style = "background: #D1E8F7">{{item.score}}</view>
    </block>
    <block wx:else>
    <view class = "content1"style = "background: #FFFFFF">{{item.name}}</view>
    <view class = "content1"style = "background: #FFFFFF">{{item.num}}</view>
    <view class = "content1"style = "background: #FFFFFF">{{item.score}}</view>
    </block>
    </block>
</view>
</view>
</view>
```

（2）学习统计页面逻辑，文件 studycollect.js 位于 user\studycollect 下，具体过程如代码 11-29 所示。

代码 11-29

```
var app = getApp()
Page({
    /* 页面的初始数据 */
    data: {
    },
    /* 生命周期函数 -- 监听页面加载 */
    onLoad: function (options) {
        var that = this;
        wx.request({
            url: 'http://localhost:81/s_studyinfor/getGrade.php',
            // 加载时获取各部分的成绩
            data:{stuNo:app.globalData.user.stuNo},
            success:function (res) {
                console.log(res.data)
                that.setData({
```

```
                s_studyinfor:res.data
            })
        }
    })
    wx.request({
        //加载时获取学习浏览记录,并在 php 文件中转换为进度分数
        url:'http://localhost:81/gradesRecord/getRecords.php',
        data:{stuNo:app.globalData.user.stuNo},
        success:function (res) {
            console.log(res.data)
            that.setData({
                s_studyinfor1:res.data
            })
        }
    })
},
/* 生命周期函数--监听页面初次渲染完成 */
onReady: function () {
},
/* 生命周期函数--监听页面显示 */
onShow: function () {
},
/* 生命周期函数--监听页面隐藏 */
onHide: function () {
},
/* 生命周期函数--监听页面卸载 */
onUnload: function () {
},
/* 页面相关事件处理函数--监听用户下拉动作 */
onPullDownRefresh: function () {
},
/* 页面上拉触底事件的处理函数 */
onReachBottom: function () {
},
/* 用户单击右上角分享 */
onShareAppMessage: function () {
}
})
```

（3）学习统计页面样式表,文件 studycollect.wxss 位于 user\studycollect 下,具体过程如代码 11-30 所示。

代码 11-30

```css
.border{float:left;height:auto;width:100%;margin-bottom: 20px;}
.title{float:left;height:30px;width:auto;margin-left: 2%;font-size: 21px;letter-spacing: 1px;margin-left: 10px;
    margin-top: 15px;background:#6575f0;border-radius: 5px 5px 5px 5px;padding-left: 5px;padding-right: 5px;color:white}
.con_title{float: left;display: flex;width:100%;height:auto;margin-top: 10px;color:white}
```

```
.con_third{float:left;width:33%;height:auto;font-size: 20px;text-align: center;background
-color: #909bf0;}
.content{float:left;width: 100%;height:auto}
.content1{float:left; width: 33%; height: 25px; text-align: center; font-size: 20px; font-
family: 宋体;padding-top: 5px;}
.rule{float:left;width:95%;margin-left:3%;font-size: 20px;font-family: 宋体;background:
rgb(100, 213, 221);
    border-radius: 10px 10px 10px 10px;white-space: pre-line;}
```

(4) 学习统计页面配置,文件 studycollect.json 位于 user\studycollect 下,具体过程如代码 11-31 所示。

代码 11-31

```
{
  "usingComponents": {}
}
```

(5) 后端代码。

① 展示考核记录数据,文件 getGrade.php 位于 s_studyinfor \下,具体过程如代码 11-32 所示。

代码 11-32

```
$list;
$list1 = array("grade1","grade2","grade3","grade4","grade5","grade6");
$list2 = array("a","b","c","d","e","f");
$list3 = 0;
$list4 = 0;
for($i = 0; $i<6; $i++){
    $sql = sprintf("SELECT user.stuNo, %s 'grade', examinfor.content, infor FROM user,examinfor,
study_grades,changejson WHERE examinfor.class = user.class and user.stuNo = study_grades.stuNo
and user.stuNo = %s and nickname = %s and changejson.content = examinfor.content"," $list1
[$i]","'$stuNo'","'$list2[$i]'");
    $result = mysqli_query($mysqli, $sql);
while($row = mysqli_fetch_array($result)){
    $study = new study();
    $study->stuNo = $row["stuNo"];
    $study->score = $row["grade"];
    $study->content = $row["content"];
    $study->infor = $row["infor"];
    $list[] = $study;
    if($i<5){$list3 = $list3 + $study->score;}
    else{$list4 = $list4 + $study->score;}
}
}
```

```php
$study = new study();
$study->stuNo = $stuNo;
$study->content = "总分";
$study->score = $list4 * 0.4 + $list3 * 0.05;
$study->infor = "无";
$list[] = $study;
echo json_encode($list);
```

② 展示学习记录数据,文件 getRecords.php 位于 gradesRecord\ 下,具体过程如代码 11-33 所示。

代码 11-33

```php
<?php
include('connect.php');
include_once('grecordClass.php');
$stuNo = $_REQUEST["stuNo"];
$list1 = array("a","b","c","d","e","f");
//查询在对应大类下学习几个小类,以此获取分数
$list2 = array("新闻阅览","船舶类别","船业历程","船体结构","造船流程","涉及学科");
$list3 = 0;
$list4 = 0;
for($i = 0; $i < 6; $i++){
    $class1 = $list1[$i];
    $sql = sprintf("SELECT class1,class2 FROM record,changejson where changejson.name = record.class1 and stuNo = %s AND nickname = %s group by class1,class2","'$stuNo'","'$class1'");
    $check = mysqli_query($mysqli, $sql);
    $num = mysqli_num_rows($check);
    $grecord = new grecord();
    $grecord->num = $num;
    $grecord->name = $list2[$i];
    $grecord->score = $num * 0.5;
    $list[$i] = $grecord;
    $list3 = $list3 + $grecord->score;
    $list4 = $list4 + $grecord->num;
}
if($list3 > 35){ $list3 = 35; }
$grecord1 = new grecord();
$grecord1->name = "总分";
$grecord1->num = $list4;
$grecord1->score = $list3;
$list[] = $grecord1;
echo json_encode($list);
```

(6) 功能描述。对用户已经学习或者考核的内容进行统计,并通过内置规则将其折算为分数。学习统计情况分为三个部分,分别是用户统计计分规则、用户的考核情况和用户知识点学习情况,如图 11-10 所示。

 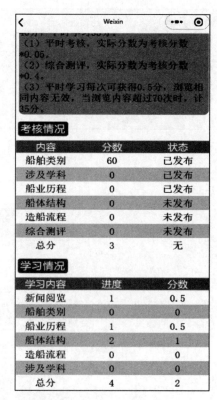

图 11-10 学习统计页面

思考题

1. 微信小程序与 H5 有什么区别？
2. 分析微信小程序开发的优劣势。

即测即练

参 考 文 献

[1] 项亦子.数据分析简史:从概率到大数据[M].上海:上海科技教育出版社,2023.

[2] ZHANG J Z,SRIVASTAVA P R,SHARMA D,et al. Big data analytics and machine learning:a retrospective overview and bibliometric analysis[J]. Expert systems with applications,2021, 184:115561.

[3] WIGGINS C,JONES M L. How data happened:a history from the age of reason to the age of algorithms[M]. New York:W. W. Norton & Company,2023.

[4] AGRESTI A. The foundations of statistical science:a history of textbook presentations[J]. Brazilian journal of probability and statistics,2021,35(4):657-698.

[5] EFRON B,HASTIE T. Computer age statistical inference:algorithms,evidence,and data science [M]. New York:Cambridge University Press,2016.

[6] 陈友洋.数据分析方法论和业务实战[M].北京:电子工业出版社,2022.

[7] 张文霖,刘夏璐,狄松.谁说菜鸟不会数据分析[M].北京:电子工业出版社,2011.

[8] 黄轲.商务数据分析理论与实务[M].杭州:浙江大学出版社,2024.

[9] RUNKLER T A. Data analytics[M]. Wiesbaden:Springer Fachmedien Wiesbaden,2020.

[10] MILICEVIC M,EYBERS S. The challenges of data analytics implementations:a preliminary literature review[C]//Proceedings of International Conference on Data Science and Applications: ICDSA 2021. Singapore:Springer Singapore,2021.

[11] 陈建成,庞新生,李川.统计学:统计数据分析理论与方法[M].北京:中国林业出版社,2012.

[12] KABACOFF R. R in action:data analysis and graphics with R and tidyverse[M]. New York:Simon and Schuster,2022.

[13] LESTER J N,CHO Y,LOCHMILLER C R. Learning to do qualitative data analysis:a starting point [J]. Human resource development review,2020,19(1):94-106.

[14] MEEKER W Q,ESCOBAR L A. Statistical methods for reliability data[M]. New York:John Wiley & Sons,1998.

[15] 马国俊.Python 网络爬虫与数据分析从入门到实践[M].北京:清华大学出版社,2023.

[16] YU L,LI Y,ZENG Q,et al. Summary of web crawler technology research[C]//2019 2nd International Symposium on Power Electronics and Control Engineering(ISPECE 2019),Tianjin, China:IOP Publishing,2020.

[17] HERNANDEZ J,MARIN-CASTRO H M,MORALES-SANDOVAL M. A semantic focused web crawler based on a knowledge representation schema[J]. Applied sciences,2020,10(11):3837.

[18] 廖大强.数据采集技术[M].北京:清华大学出版社,2022.

[19] NGUYEN G P,WORRING M. Interactive access to large image collections using similarity-based visualization[J]. Journal of visual languages & computing,2008,19(2):203-224.

[20] KIM G,XING E P. Reconstructing storyline graphs for image recommendation from Web community photos[C]//Proceedings of the IEEE Conference on Computer Vision and Pattern Recognition,Columbus,OH:IEEE,2014.

[21] DANIEL G,CHEN M. Video visualization[C]//IEEE visualization,2003:409-416.

[22] PLESS R. Image spaces and video trajectories:using isomap to explore video sequences[C]//IEEE International Conference on Computer Vision,Nice,France:IEEE,2003:1433-1440.

[23] PIRINGER H,BUCHETICS M,BENEDIK R. Alvis:situation awareness in the surveillance of road tunnels[C]//2012 IEEE Conference on Visual Analytics Science and Technology(VAST),Seattle,

WA：IEEE，2012：153-162.
[24] MAYHEW B H，LEVINGER R L. Size and the density of interaction in human aggregates[J]. American journal of sociology，1976，82(1)：86-110.
[25] PENG L，JIANAN M，WENJUN L. Structural stability of the evolving developer collaboration network in the OSS community[J]. Plos one，2022，17(7)：e0270922.
[26] 尹志宇，解春燕，李青茹，等. 软件工程导论[M]. 北京：清华大学出版社，2024.
[27] ADAMS B，KHOMH F. The diversity crisis of software engineering for artificial intelligence[J]. IEEE software，2020，37(5)：104-108.
[28] ZYKOV S V. Crisis management for software development and knowledge transfer[M]. Cham：Springer International Publishing，2016.
[29] RAJLICH V T，BENNETT K H. A staged model for the software life cycle[J]. Computer，2000，33(7)：66-71.
[30] RUPARELIA N B. Software development lifecycle models[J]. ACM SIGSOFT software engineering notes，2010，35(3)：8-13.
[31] 张向宏. 软件生命周期质量保证与测试[M]. 北京：电子工业出版社，2009.
[32] 魏砚雨，孙峰峰. UI设计基础与应用标准教程[M]. 北京：清华大学出版社，2024.
[33] JOHNSON J. Designing with the mind in mind：simple guide to understanding user interface design guidelines[M]. San Mateo，CA：Morgan Kaufmann，2020.
[34] WANG V，XU N，LIU J C，et al. VASPKIT：a user-friendly interface facilitating high-throughput computing and analysis using VASP code[J]. Computer physics communications，2021，267：108033.
[35] 明日科技. HTML5＋CSS3＋JavaScript从入门到精通[M]. 北京：清华大学出版社，2023.
[36] 王德胜，韩杰，蔡佩芫. 轻量化视角下微信小程序持续使用研究[J]. 科研管理，2020，41(5)：191-201.
[37] 喻国明，梁爽. 小程序与轻应用[J]. 武汉大学学报(人文科学版)，2017，6：119-125.
[38] MONTAG C，BECKER B，GAN C. The multipurpose application WeChat：a review on recent research[J]. Frontiers in psychology，2018，9：2247.
[39] JOORABCHI M E，MESBAH A，KRUCHTEN P. Real challenges in mobile App development[C]// 2013 ACM/IEEE International Symposium on Empirical Software Engineering and Measurement，Baltimore，MD：IEEE，2013.
[40] 张益晖. 微信小程序与云开发从入门到实践[M]. 北京：清华大学出版社，2022.
[41] 苏震巍. 微信开发深度解析[M]. 北京：电子工业出版社，2020.

教师服务

感谢您选用清华大学出版社的教材！为了更好地服务教学，我们为授课教师提供本书的教学辅助资源，以及本学科重点教材信息。请您扫码获取。

➢ 教辅获取

本书教辅资源，授课教师扫码获取

➢ 样书赠送

管理科学与工程类重点教材，教师扫码获取样书

 清华大学出版社

E-mail: tupfuwu@163.com
电话：010-83470332 / 83470142
地址：北京市海淀区双清路学研大厦 B 座 509

网址：https://www.tup.com.cn/
传真：8610-83470107
邮编：100084